高等院校数字艺术精品课程系列教材

Axure RP
互联网
产品原型设计

Axure RP 10 · 微课版

张晓景 / 主编

人民邮电出版社

北京

图书在版编目（CIP）数据

Axure RP 互联网产品原型设计 ： Axure RP 10 ： 微
课版 / 张晓景主编. -- 北京 ： 人民邮电出版社，2025.
4. --（高等院校数字艺术精品课程系列教材）.
ISBN 978-7-115-64590-6

Ⅰ. TP393.092.2

中国国家版本馆 CIP 数据核字第 2024BT0701 号

内 容 提 要

本书以 Axure RP 10 为主要工具，详细讲解互联网产品原型从创建到输出的过程。本书内容由浅入深，以知识点+实例+综合实战的讲解方式，帮助读者快速掌握 Axure RP 10 的使用方法和技巧。本书共 12 章，分别为了解互联网产品原型设计、了解 Axure RP 10、页面管理与自适应视图、使用元件和元件库、元件的样式和交互、使用母版和动态面板、变量与表达式、函数的使用、使用中继器、团队合作与输出、设计制作网页原型、设计制作 App 原型。

本书适合作为高等职业院校数字媒体类课程的教材，也可供相关网页设计人员自学参考。

◆ 主　　编　张晓景
　　责任编辑　刘　佳
　　责任印制　王　郁　焦志炜
◆ 人民邮电出版社出版发行　　北京市丰台区成寿寺路 11 号
　　邮编　100164　电子邮件　315@ptpress.com.cn
　　网址　https://www.ptpress.com.cn
　　大厂回族自治县聚鑫印刷有限责任公司印刷
◆ 开本：787×1092　1/16
　　印张：17.25　　　　　　　　　2025 年 4 月第 1 版
　　字数：600 千字　　　　　　　 2025 年 8 月河北第 2 次印刷

定价：69.80 元

读者服务热线：(010)81055256　印装质量热线：(010)81055316
反盗版热线：(010)81055315

Axure RP 10

前言

本书全面贯彻党的二十大精神，以社会主义核心价值观为引领，传承中华优秀传统文化，坚定文化自信，使内容更好地体现时代性、把握规律性、富于创造性。

Axure RP 10 功能强大、应用范围广泛，是一款专业的产品原型设计软件，可以快速、高效地创建产品原型。它支持多人协作设计和版本控制管理，能够很好地实现交互设计师所构想的效果，也能够很好地将效果展现给研发人员，在提高工作效率的同时还能使团队合作更加完美。

本书内容安排

本书简明扼要，由浅入深地详细讲解如何使用 Axure RP 10 设计制作产品原型。本书通过实例讲解知识点，帮助读者边制作边理解，使学习过程不再枯燥乏味。本书内容安排如下。

第 1 章　了解互联网产品原型设计。本章主要内容包括什么是原型设计，原型设计的参与者，如何创建产品原型，原型设计的必要性和作用，原型设计中的用户体验，思维导图与原型设计，思维导图软件介绍。

第 2 章　了解 Axure RP 10。本章主要内容为 Axure RP 10 简介，软件的下载、安装、汉化与启动，Axure RP 10 的主要功能，熟悉 Axure RP 10 的工作界面，自定义工作界面，使用 Axure RP 10 的帮助资源。

第 3 章　页面管理与自适应视图。本章主要内容为使用欢迎界面，新建和设置 Axure 文件，页面管理，页面设置，设置自适应视图，使用参考线和栅格，设置遮罩。

第 4 章　使用元件和元件库。本章主要内容为了解"元件库"面板，将元件添加到页面，使用钢笔工具，元件的转换，元件的编辑，创建元件库，使用外部元件库，使用"大纲"面板。

第 5 章　元件的样式和交互。本章主要内容为设置元件的属性，创建和管理样式，了解"交互"面板，添加页面交互，添加元件交互，交互样式设置。

第 6 章　使用母版和动态面板。本章主要内容为母版的概念，新建和编辑母版，使用母版，母版使用报告，应用动态面板，转换为动态面板。

第 7 章　变量与表达式。本章主要内容为使用变量，设置条件，使用表达式。

第 8 章　函数的使用。本章主要内容为了解函数，常见函数。

第 9 章　使用中继器。本章主要内容为中继器元件，数据集的操作，项目列表的操作。

第 10 章　团队合作与输出。本章主要内容为使用团队项目，使用 Axure Cloud，发布查看原型，使用生成器。

第 11 章　设计制作网页原型。本章运用 Axure RP 10 设计制作 PC 端网页产品原型，以帮助读者巩固所学内容。

第 12 章　设计制作 App 原型。本章通过一个创意家居 App 原型的制作，帮助读者了解移动端 App 产品原型的制作流程和制作技巧。

Axure RP 10

本书特点

全书内容丰富、条理清晰，通过 12 章的内容，为读者全面、系统地介绍原型设计的知识及使用 Axure RP 10 进行原型设计制作的方法和技巧，采用理论知识和实例相结合的方法，使读者融会贯通。本书有如下特点。

● 语言通俗易懂，精美实例图文同步，有大量原型设计制作的知识讲解，帮助读者深入了解原型设计。

● 实例涉及面广，涵盖原型设计制作中大部分类型的效果，每个实例通过实际操作帮助读者掌握原型设计制作中的知识点。

● 注重原型设计制作过程中使用软件的知识点应用和实例制作技巧的归纳总结，在知识点和实例的讲解过程中穿插软件操作和知识点的相关提示等，使读者更好地归纳、吸收知识。

● 提供课后练习和课后测试，方便读者随时检验学习成果。

本书提供了书中所有实例的源文件、素材文件和操作视频（可登录 www.ryjiaoyu.com 下载），方便读者借鉴和使用。

书中难免有疏漏之处，请广大读者朋友批评、指正。

编者

2024 年 7 月

Axure RP 10

目录

—01—

第1章 了解互联网产品原型设计

—02—

第2章 了解 Axure RP 10

―03―

第 3 章　页面管理与自适应视图

―04―

第 4 章　使用元件和元件库

目录

—05—

第5章 元件的样式和交互

Axure RP 10

—06—

第 6 章　使用母版和动态面板

目录

—07—

—08—

第 7 章　变量与表达式

第 8 章　函数的使用

Axure RP 10

—09— —10—

目录

01

第1章

了解互联网产品原型设计

原型设计，常被称为线框图设计、原型图设计和 demo 设计等，其主要目的是在进行设计和开发之前，通过一个逼真的效果图来模拟最终的视觉效果和交互效果。本章将向读者介绍互联网产品原型设计的相关知识，帮助读者了解互联网产品原型设计的特点，使读者能够通过合理的设计提升产品的用户体验。

知识目标

- 了解原型设计的概念。
- 掌握原型设计的方法。
- 了解原型设计与用户体验。
- 了解用户体验的重要性。
- 了解思维导图与原型设计的关系。
- 掌握思维导图软件的使用方法。

素养目标

- 具有在互联网中查找相关资料的能力，能够及时获取 Axure RP 的最新技术。
- 具有较强的理解和自我学习能力，能够熟练运用 Axure RP 制作草图和流程图。

1.1 什么是原型设计

产品原型是通过线条、图形注释和标注等方式描绘出的产品初步框架；原型设计是综合考虑产品目标、功能需求场景、用户体验等因素后，对产品的各板块、界面和元素进行合理排序和布局的过程。

对互联网行业来说，原型设计就是对页面模块、各种元素进行排版和布局，以获得页面的草图效果，如图1-1所示。为了使页面效果更加具体、形象和生动，还可以加入一些交互性元素，模拟页面的交互效果，如图1-2所示。

图 1-1　页面的草图效果

图 1-2　页面的交互效果

> **提示**　随着互联网技术的普及，为了获得更好的原型效果，很多产品经理都采用高保真原型，以确保策划效果与最终的展示效果一致。

1.2 原型设计的参与者

一个项目的设计开发通常需要多人的共同努力。很多人认为产品原型设计是整个项目的早期过程，只需要产品经理参与即可。但实际上产品经理只了解产品特性、用户和市场需求，对页面设计和用户体验设计则通常不太了解；而设计师独立创作的产品，会使得产品经理和设计师在后期反复商讨、反复修改。

为了避免产品设计开发过程中反复修改的情况发生，在开始进行原型设计时，产品经理应邀请用户界面（UI）设计师和用户体验（UE）设计师一起参与产品原型的设计制作，如图1-3所示。这样才能设计出既符合产品经理预期，又能带来良好用户体验且页面精美的产品原型。

图 1-3　原型设计的参与者

> **提示**　互联网产品经理在互联网公司中处于核心位置，需要有非常强的沟通能力、协调能力、市场洞察力和非常高的商业敏感度。其不但要了解消费者、了解市场，还要能与各种风格的团队配合。可以说互联网产品经理能力的高低决定了一款互联网产品的成败。

1.3 如何创建产品原型

设计师可以通过直接在纸上作画的方式创建产品原型，也可以使用 Word 和 Visio 等软件创建产品原型，选择一款专业的原型设计工具来创建产品原型也是不错的选择。

1.3.1 纸上作画

设计师可以使用笔直接在纸上绘制产品原型，设计大致的产品效果，如图 1-4 所示。这种方式通常是产品经理在进行原型构思的阶段使用。

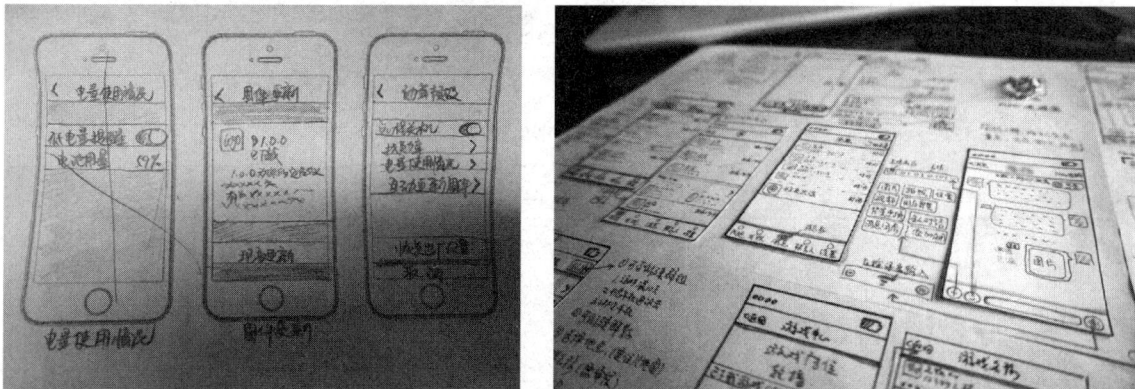

图 1-4 纸质原型

在纸上绘制产品原型的方式可以将原型产品的框架基本确定，然后通过专业的软件将原型更形象、更直观地转移到电子文档中，以便后续的研讨、设计、开发和备案。

1.3.2 Word 和 Visio

设计师可以使用 Word 进行原型设计。先在 Word 文档中建立一块画布，然后就可以使用文本框、图片、控件等制作一个原型设计方案，Word 启动界面如图 1-5 所示。使用 Visio 设计原型比使用 Word 更方便，可以更快速地进行原型设计，Visio 启动界面如图 1-6 所示。

图 1-5 Word 启动界面

图 1-6 Visio 启动界面

由于 Word 和 Visio 在原型设计方面还有一些局限性，通常只使用它们绘制原型的线框图。

相比手绘原型，线框图更加清晰和整洁，适合正式场合中以 PPT 形式宣讲的场景。线框图还可以是功能页面结构的视觉呈现形式，能传达页面的布局结构及定义功能元素，并能将产品需求以线框结构的方式展示出来，让产品需求以更加规整的方式直观展现。线框图一般以黑白灰的形式表示。图 1-7 所示为产品原型线框图。

图 1-7　产品原型线框图

1.3.3　原型设计软件

目前原型设计软件有很多，比较常见的有 Axure RP、Adobe XD 和 MockupScreens 等。这些原型设计软件不仅具有丰富的 Web 控件，而且交互性很好。Axure RP 是其中的佼佼者，图 1-8 所示为 Axure RP 10 的启动图标和工作界面。

图 1-8　Axure RP 10 的启动图标和工作界面

使用这些专业的原型设计软件除了能够完成产品原型线框图的绘制，还能完成高保真产品原型的绘制。

高保真产品原型真实地模拟了产品最终的视觉效果、交互效果和用户体验，非常接近真实的产品，甚至包含产品的细节、真实的交互和 UI 等。图 1-9 所示为使用 Axure RP 10 完成的高保真 App 产品界面。

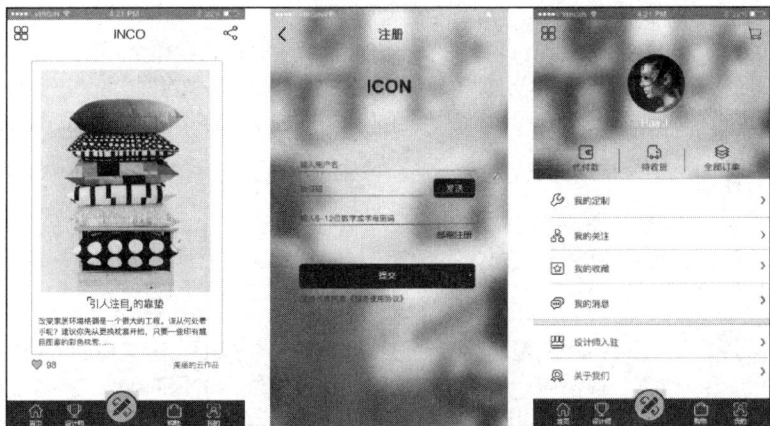
图 1-9 高保真 App 产品界面

> **提示** 不同的公司、团队，对互联网产品进行原型设计时采用的方式可能会大相径庭，不一定非要使用某种固定的方式，适合自己的才是最好的。

1.4 原型设计的必要性和作用

在互联网产品设计过程中，为什么一定要设计产品原型呢？能不能不设计产品原型，直接设计并开发产品呢？当然可以，但是有了产品原型，可以使互联网产品的设计与开发过程更轻松，能减少由于规划不足造成的反复修改问题。

1.4.1 原型设计的必要性

原型设计是设计师实现产品最终标准化和系统化的有效且重要手段。它最大的好处在于，可以有效地避免重要元素被忽略，也可以防止设计师做出不准确、不合理的假设。

> **提示** 无论是对于移动端的 UI 设计还是 PC 端的网页设计，原型设计的重要性都是显而易见的。原型设计让设计师和开发者将产品的基本概念和构想形象化地呈现出来，让参与进来的每个人都可以查看、使用，并给予反馈。而且，在产品最终版本确定之前可以随时进行必要的调整。

在项目开始之初，对每个元素进行调试以确保它们能够如同预期一样运作是相当重要的步骤。当完成可交互的高保真产品原型设计之后，设计师可以将它作为一个成型的界面来使用，测试模型中所有的功能，确认其能否解决规划阶段所计划解决的问题。

如果没有使用产品原型，而是在完成项目整体的设计和开发之后进行测试，那么修改和调整的成本就相当高昂了。

> **提示** 一个可用、可交互的产品原型所带来的好处并不是一星半点的，它还可以帮助开发人员和设计人员从不同的维度规划和设计产品。

1.4.2 原型设计的作用

一个高保真产品原型能够像最终完成的产品那样运行，用户可以对它进行操作，它也会给予相应的反馈，使用户能在明白产品运作方式的同时寻求解决特定问题的方案。产品原型经过可用性测试之后，能够带来更好的用户体验，并能够在产品上线发布之前排除相当一部分的潜在问题。

1. 让开发变得轻松

产品原型可以使产品的开发变得更加容易。当在一个项目中设计出满意的产品原型之后，参与者能够清楚项目发布之后的运作流程，开发人员也能够在此基础上开发出更加完善的代码方案。

2. 节省时间和金钱

当一个公司想要推出一款新的 App 或者发布一个新的网站时，总会集合一批专业的人士来完成这个项目。随着时间的推移，花销会不断地增加，项目上的投入自然也越来越多。有了产品原型之后，团队成员能够围绕产品原型进行快速且高效的沟通，从而明确哪些地方要增删、哪些细节要修改，这样能够更加快速地推进项目进度。

3. 更易沟通与反馈

有了产品原型之后，团队成员在沟通的时候就不需要彼此发送大量的图片和 PDF 文档了。取而代之的是添加评论和链接，或者使用原型工具内置的反馈工具进行沟通，这样沟通的效率提高了，产品原型的修订速度也更快了。

> **提示** 版本修订是原型设计流程的重要组成部分，它是产品最终能完美呈现的先决条件。产品原型能够被不断修正、改善，这使得产品原型成为产品研发中最有价值的部分之一。随着一次次的迭代，产品本身会越来越优良，而版本修订的过程也会越来越快速、简单。

1.4.3　原型设计的要点

在设计产品原型的时候，为了更好地表现网站内容并吸引更多的用户，设计师需要注意以下几点。

1. 设计时规避自己的个人喜好

自己喜欢的东西并不一定别人也喜欢，例如网页的色彩应用，设计师可能喜欢大红大绿，并且其设计的作品中充斥着这样的颜色，那么网站可能会丢失很多潜在用户。原因很简单，即跳跃的色彩会让部分用户失去对网站的信任。

现在大部分的用户都喜欢简单的颜色。设计师可以先浏览其他设计师的作品，再进行设计，以制定出更符合大众审美的设计方案。

2. 考虑不同类型的用户

设计师需要让不同类型的用户在网页上达成一致的意见，也就是常说的"老少皆宜"。只有抓住了不同类型用户共同的心理特征，吸引了更多新的用户，才能说明设计是成功的。

想要了解人们的浏览习惯其实很简单，只要想想周围的人共同关注的东西就明白了。

3. 充分分析竞争对手

设计师平时应多了解竞争对手的网站项目，总结出竞争对手项目的优缺点，并避开竞争对手的优势项目，以他们的不足为突破口，这样才会吸引更多用户的注意。也就是说，要把竞争对手的劣势转换为自己的优势，然后突出展现给用户。这一点更易在网站项目中实现。

1.5　原型设计中的用户体验

随着互联网竞争的加剧，越来越多的企业开始意识到提供优质的用户体验是一个重要的、可持续的竞争优势。用户体验促成了用户对企业的整体印象，界定了企业和竞争对手的差异，并且决定了用户是否会再次光顾。

1.5.1　用户体验包含的内容

用户体验一般包含品牌、使用性、功能性和内容 4 个方面。一个成功的设计方案必然充分考虑了这 4 个方面，使用户可以便捷地获得其需要的使用性和功能性的同时，又在不知不觉中接受了设计本身要传达的品牌理念和内容。

1. 品牌

品牌对于任何一件展示在用户面前的事物都有很强的影响力，没有品牌的产品很难受到用户欢迎。同样，对于一个网站来说，良好的品牌也是其成功的关键性因素。

树立网站品牌有两个要素：类型独一无二和内容丰富、更新及时，如图 1-10 所示。

| 网站品牌 | = | 类型独一无二 | + | 内容丰富、更新及时 |

图 1-10　树立网站品牌的两个要素

网站的类型独一无二很好理解，假如某个行业只有一个网站，那么就算选择的关键词非常冷门或用户较少，该网站对于这个行业来说也是品牌。假如某网站相对其他同类网站来说内容更丰富、信息更新速度快，那么该网站就是成功的。这两点对于树立网站品牌是非常重要的，归根结底就是网站是否可以给用户带来吸引力。

此外，好的视觉体验对品牌形象的提升也是很有帮助的。例如，某公司有一款价格平民化的数码单反相机"××300"，这款相机虽然价格相对低廉，但是该公司却将这款相机的官方网站设计得高贵典雅，让人一眼就觉得这样的一款相机一定是价格昂贵的好相机，但实际这款相机的售价并不高，这就是好的视觉体验对品牌的正面影响。

网页设计的优劣对于人们是否能记住网站有着非常重要的影响，适当地使用图片、动画等对于改善网页效果是很有帮助的。图 1-11 所示为淘宝的 PC 端网页和移动端网页。

图 1-11　淘宝的 PC 端网页和移动端网页

2. 使用性

用户在浏览网页时，偶尔会遇到浏览器状态栏中显示网页上有错误的提示，如图 1-12 所示。这种情况一般不会影响用户正常浏览网页。但如果错误太明显，则可能直接影响到网页的重要功能的使用。这会直接对网站的品牌造成影响。

图 1-12　网页上有错误的提示

这些错误有的可能是网站后台程序造成的，程序员应该迅速将其解决，避免影响网站的用户体验。有些错误则是用户的错误操作引起的，如果没有相关的浏览引导方案，会给接触计算机不多的用户一种"这个网站太难操作"的错觉，严重影响用户体验。所以在进行网页设计时，一定要有用户操作错误的预设方案，这样才能更好地提升用户体验。

3．功能性

这里所说的功能性，并不只是指网站的界面功能，更多的是网站内部程序上的一些流程。功能性不仅对网站的用户有很大的用处，而且对网站管理员来说也有不容忽视的用处。

网站的功能性包含以下内容。

- 网站可以在最短的时间内获取到用户所查询的信息，并反馈给用户。
- 程序开发过程中的用户反馈。例如经常可以看到的网页上的"提交成功"信息或者收到其他网站的更新情况的邮件等。
- 网站对用户个人信息的隐私保护策略。隐私保护策略对提高用户对网站的信任度很有帮助。
- 线上线下结合。最简单的例子就是团购、众筹。
- 好的网站后台管理程序。好的网站后台管理程序可以帮助网站管理员更快地完成对网站内容的修改与更新。

4．内容

如果说网站的技术构成是一个网站的"骨架"，那么内容就是网站的"血肉"了。内容不仅包括网站中的可读性内容，还包括链接组织和导航组织等方面。这也是一个网站用户体验的关键部分。也就是说，网站中除了要有丰富的内容，还要有方便、快捷和合理的链接和导航。

综上所述，如果能从用户体验的角度优化网站，就可以让网站更受大众的欢迎。

1.5.2　用户体验的生命周期

从用户体验的过程来说，设计师总期望体验是一个循环的、长期的过程，而不是直线的、一次性的过程。好的用户体验能够吸引用户，让用户再次使用网站，并逐步提高对网站的忠诚度，最后告知并影响他们的朋友；而不好的用户体验则会使网站逐渐失去用户，甚至会由于不良口碑传播失去一批潜在的用户。

> **提示**　具有良好用户体验的网站，即使页面中存在一些交互问题，也不会影响用户继续支持该网站。

用户体验的生命周期分为吸引、熟悉、交互、保持和拥护5个阶段，如图1-13所示。下面逐一进行讲解。

图1-13　用户体验的生命周期

1．吸引

网站吸引人是用户体验的第1步，网站靠什么吸引人是用户体验设计首先要考虑的问题。

2．熟悉

通过明喻和隐喻等设计语义，让用户在不看说明书的前提下可以轻松访问网站，并进一步熟悉网站。

3．交互

在用户与网站的交互过程中，用户的感觉如何、是否满足了用户的生理和心理需要，充分验证了网站的可用性。

4．保持

用户访问网站后，是继续使用网站还是放弃使用？

5．拥护

用户是否对网站产生忠诚度并向身边的人推荐该网站，也是用户体验设计的关键点。

1.5.3 用户体验的需求层次

用户体验可以分为 5 个需求层次：感觉需求→交互需求→情感需求→社会需求→自我需求，这 5 个需求层次是逐层递进的。

1．感觉需求

感觉需求指的是用户对于产品在感官方面的需求，包括视觉、听觉、触觉、嗅觉和味觉方面的需求，是对产品或系统的第一感觉。对于网站来说，用户通常只有视觉、听觉两方面的需求。

2．交互需求

交互需求指的是人与网站系统进行交互的过程中的需求，包括完成任务的时间和效率、过程是否顺畅、是否报错等。网站的可用性关注的是用户的交互需求，包括操作时的学习性、效率性、记忆性、容错率和满意度等。交互需求关注的是交互过程是否顺畅，用户是否可以简单、快捷地完成任务。

3．情感需求

情感需求指的是用户在操作浏览的过程中产生的情感，例如在浏览的过程中感受到的互动性和乐趣。情感需求的关键在于页面的设计感、故事感、交互感、娱乐感和意义感，页面要对用户有足够的吸引力。

4．社会需求

在满足基本的感觉需求、交互需求和情感需求后，用户通常会有更高层次的需求，希望得到社会对自己的认可。例如越来越多的人选择开通个人微博、拍摄短视频，希望以此获得社会的关注。

5．自我需求

自我需求指的是网站满足用户自我个性的需求，包括追求新奇、个性和自我实现等。对于网页设计来说，需要考虑允许用户进行个性化定制设计或者自适应设计，以满足不同用户多样化、个性化的需求。例如网站允许用户更改网页背景颜色、背景图片和文字大小等，这些都属于页面定制。

1.6 思维导图与原型设计

思维导图，又称脑图、树枝图，是一种图像式思考的辅助工具，使用起来较为简单，却很有效。它还是一种将思维形象化的方法，通过放射状的发散形式将思路变得更有条理和更深入。

1.6.1 思维导图的作用

在原型设计的初期，如果设计师不具备系统的思考框架，设计出的产品原型就可能缺少操作流程、页面、控件，或者是相关人员没考虑好用户的需求及网页设计的目的，使得整个网页在用户体验方面有短板。在开始设计产品原型前，使用思维导图可以很好地解决这些问题。

思维导图对于产品原型设计有以下作用。

1．优化大脑，提高沟通效率

人的大脑就像计算机的 C 盘，装的东西多了，就会卡顿。把一些资料存放在其他硬盘，能让计算机运行得更快。对于大脑来说也是如此，该用笔记下来的就记下来，不要让大脑太累了，让大脑做它真正该做的事。设计师每天要做的事情很多，要记的事情也很多。在开发网站之前，如果能用思维导图把想法画出来，不但能减少很多与开发团队沟通的问题，而且能使开发工作更高效。

2．防止记忆或沟通方面的遗漏

人的记忆有限，不可能记住所有的事情。设计制作网页时会有很多的功能点，设计师不可能全部记住。设计师可以根据网站的战略、商业模式等把想要实现的功能在思维导图中逐一罗列出来，这样在与开发团队沟通时就不会出现遗漏了。

3．让思路变得有条理

当所有任务都清晰地展示在眼前，对该做的事情也有所了解后，设计师就会发现，其实开发一个网站也没有那么难，逐个去解决问题和完成任务就可以了。这样设计师不管是与开发团队还是与外部的供应商、经销商、用户或其他合作伙伴进行沟通，心里都会有底，而且非常有条理，先制作什么、后制作什么的思路也会很清晰。

所以，如果想要开发一个网站或 App 项目，首先使用思维导图软件把自己脑海里的思路全部"画"出来，这时可能会发现很多之前没有考虑到的点。

1.6.2 思维导图的基本类型

思维导图的基本类型有圆圈图、气泡图、树状图、桥形图、括号图和鱼骨图 6 种，还有很多类型是由基本类型延伸得到的，例如气泡图可以延伸为双气泡图。

1. 圆圈图

圆圈图由不同大小的圆圈组合而成，位于中间部分的圆圈是中心主题，一般会大一点，四周的圆圈是分支主题，稍微小一点，使用圆圈图可以培养想象力以及联想力，如图 1-14 所示。

2. 气泡图

气泡图包括单气泡图和双气泡图。单气泡图由很多圆圈围绕中心主题所建立；双气泡图由两个气泡思维导图组合而成，中间的部分是两个思维导图重合的部分，也就是总结内容时两个关键词都具备的特性，如图 1-15 所示。

图 1-14　圆圈图

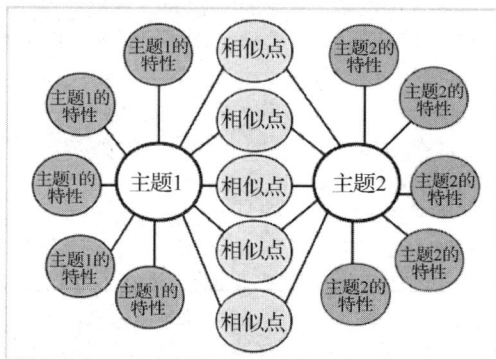

图 1-15　双气泡图

3. 树状图

树状图就如同一棵大树，该类型的思维导图主要适用于对知识点进行归纳，可以在后期使用的时候清晰地展现要点，如图 1-16 所示。

4. 桥形图

桥形图是一种类比图，其整体造型和桥梁很像，水平与凸起部分具有相关性，如图 1-17 所示。

图 1-16　树状图

图 1-17　桥形图

5. 括号图

括号图与树状图的功能相似，也常用于对知识点进行归纳，利用花括号可以对不同的主题进行详细讲解，如图 1-18 所示。

6. 鱼骨图

鱼骨图也是思维导图的一种，只是鱼骨图多用于讲解某件事情或者是解决问题的方法。不同于其他思维导图围绕中心主题进行搭建，鱼骨图主要按照先后顺序分析事物的发展状况以及内在逻辑，如图 1-19 所示。

图 1-18 括号图

图 1-19 鱼骨图

1.7 思维导图软件介绍

目前流行的思维导图软件有很多，比较常用的有 MindMeister、XMind 和 MindManager，接下来分别介绍这 3 款软件。

1.7.1 MindMeister

MindMeister 是一款典型的思维导图软件，功能非常完善。作为一款在线头脑风暴应用软件，MindMeister 以协作为设计理念，能实时更新，可跨地点、多设备共享思维，在团队共创方面表现突出。

用户可以打开 MindMeister 的官方网站，如图 1-20 所示。用户注册并登录后，即可开始绘制思维导图。

图 1-20 MindMeister 在线界面

1.7.2 XMind

XMind 是一款非常易用的软件，用户通过 XMind 可以随时开展头脑风暴，它能帮助用户快速厘清思路。XMind 绘制的思维导图、鱼骨图、二维图、树状图、逻辑图、组织结构图等以结构化的方式展示具体的内容。用户在用 XMind 绘制图形的时候，可以时刻保持头脑清醒，随时把握计划或任务的全局。XMind 可以帮助用户在学习和工作中提高效率。

用户可以在 XMind 和 XMind ZEN 两个版本中选择。XMind ZEN 是在 XMind 基础上重新设计的版本，不但具备 XMind 全面的思维导图功能，还有重新设计的界面和交互方式。图 1-21 所示为 XMind ZEN 的工作界面。

图 1-21　XMind ZEN 的工作界面

课堂操作——安装并使用 XMind ZEN

步骤 01 打开浏览器，在浏览器地址栏中输入 XMind 官方网址，单击页面中的"免费下载"按钮，如图 1-22 所示。下载完成后，双击 XMind-ZEN.exe 文件，弹出"XMind ZEN 安装"对话框，如图 1-23 所示。

图 1-22　软件下载页面

图 1-23　"XMind ZEN 安装"对话框

步骤 02 稍等片刻即可完成软件的安装，在弹出的图 1-24 所示的新建文件界面中，选择一种样式后单击"创建"按钮，进入 XMind ZEN 工作界面，如图 1-25 所示。

微课 01

安装并使用 XMind ZEN

图 1-24　新建文件界面

图 1-25　XMind ZEN 工作界面

步骤 03　选中主题并修改文本，如图 1-26 所示。选中子主题并修改文本，如图 1-27 所示。

图 1-26　选中主题并修改文本

图 1-27　选中子主题并修改文本

步骤 04　选中"会员系统"子主题，向左侧拖曳，效果如图 1-28 所示。选中主题，单击工作界面顶部的"子主题"按钮，添加子主题，效果如图 1-29 所示。

图 1-28　拖曳子主题

图 1-29　添加子主题

1.7.3　MindManager

　　MindManager 是一款国际化的商业思维导图软件，是创造、管理和交流思想的工具，利用该软件可添加图像、视频、超链接和附件。

　　MindManager 提供了友好、直观的用户界面，可协助用户快速记录灵感和想法，能有序地把用户的思维、资源、管理项目和项目进程组织为一个整体，极大地提高用户的工作效率。图 1-30 所示为 MindManager 的工作界面。

　　MindManager 与同类思维导图软件相比最大的优势是能同 Microsoft Office 无缝集成，能够快速将数据导入或导出到 Word、PowerPoint、Excel、Outlook、Project 和 Visio 等软件中，因此其受到越来越多的职场

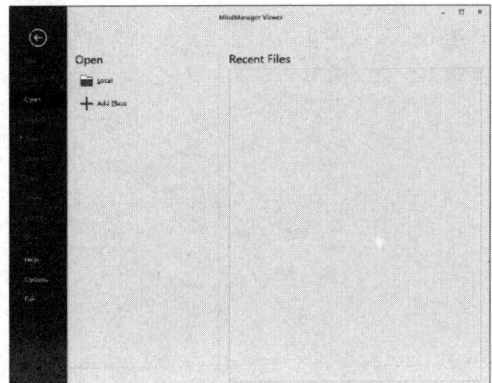

图 1-30　MindManager 的工作界面

人士的青睐。

1.8　本章小结

　　原型设计与互联网产品开发息息相关，了解原型设计的必要性、作用和设计要求，并应用到实际的产品开发中，能有效提高产品开发的成功率。

　　本章主要讲解了互联网产品原型设计的相关知识，对原型设计的概念和原型的创建方式进行了详细的介绍，同时讲解了原型设计与用户体验的关系，帮助读者理解用户体验设计的重要性和设计要点，并对原型设计中思维导图的使用进行了剖析，为制作符合用户要求的产品原型打下基础。

素养拓展

● **本章内容旨在让读者了解互联网产品原型设计的相关知识，通过实际互联网产品设计案例，培养读者的动手能力和创新思维，提高读者的合作竞争意识。同时，让读者了解我国互联网产品的发展过程与现状，增强读者的民族自信、文化自信、职业道德和个人修养。**

1.9　课后练习——完成创意家居 App 的思维导图

　　通过本章的学习，读者了解了产品原型的概念和作用，也明白了思维导图与原型设计的关系。接下来使用 XMind ZEN 制作创意家居 App 项目的思维导图。

步骤 01　启动 XMind ZEN 软件并完成项目的二级功能，如图 1-31 所示。
步骤 02　根据项目的需求，完成"购物系统"功能的思维导图，如图 1-32 所示。

图 1-31　完成项目的二级功能

图 1-32　完成"购物系统"功能的思维导图

步骤 03　根据项目的需求，完成"会员系统"功能的思维导图，如图 1-33 所示。
步骤 04　根据项目的需求，完成"设计师系统"功能的思维导图，如图 1-34 所示。

图 1-33　完成"会员系统"功能的思维导图

图 1-34　完成"设计师系统"功能的思维导图

1.10 课后测试

完成本章内容的学习后，接下来通过几道课后习题检验读者对原型设计相关知识的学习效果，同时加深读者对所学知识的理解。

1.10.1 选择题

1. 下列选项中不能用于产品原型设计的是（　　　）。
A. Word
B. Visio
C. Axure
D. Excel

2. 下列选项中不属于原型设计的作用的是（　　　）。
A. 让开发变得轻松
B. 节省时间和金钱
C. 更易沟通与反馈
D. 能完成产品的上传

3. 可以把用户体验分为（　　　）个需求层次，用来帮助设计师更好地解决问题。
A. 5
B. 4
C. 3
D. 6

4. 对于一个刚刚打开网站的用户，要确保其能够找到自己感兴趣的内容，通常不需要了解的内容是（　　　）。
A. 身在何处
B. 要寻找的内容在哪里
C. 怎样才能得到这些内容
D. 怎样进入网站

1.10.2 填空题

1. 在设计原型的时候，为了更好地表现网站内容并吸引更多的用户，设计师需要注意_____、_____和_____。

2. 用户体验一般包含_____、_____、_____和_____4个方面。

3. 用户体验的生命周期分为_____、_____、_____、_____和_____5个阶段。

4. 用户体验可以分为5个需求层次：_____→_____→_____→_____→_____，这5个需求层次是逐层递进的。

5. 思维导图是一种图像式思考的辅助工具，使用起来较为简单但很有效，可将思维形象化，通过_____的发散形式将思路变得更有条理和更深入。

1.10.3 操作题

使用 XMind ZEN 绘制一款体育社交 App 的思维导图。

02

第 2 章
了解 Axure RP 10

Axure RP 10 能帮助网站设计者快捷、简便地创建基于网站构架图的带注释页面的示意图、操作流程图，以及进行交互设计，并可自动生成用于演示的网页文件和规格文件，以方便设计者进行演示与开发。本章将带领读者了解 Axure RP 10 的基础知识。

知识目标

- 掌握 Axure RP 10 的下载与安装方法。
- 了解 Axure RP 10 的主要功能。
- 了解 Axure RP 10 的工作界面。
- 掌握自定义工作界面的方法。
- 掌握使用 Axure RP 10 的帮助资源的方法。

素养目标

- 具有积极的学习热情，能够熟练运用 Axure RP 相关工具和技术。
- 具有高度责任感和敬业精神，能够完成相关的课堂操作和课后练习。

2.1 Axure RP 10 简介

Axure RP 是美国 Axure Software Solution 公司的旗舰产品，是一个专业的可快速进行产品原型设计的工具。Axure RP 能帮助负责定义需求和规格、设计功能和界面的专家快速创建应用软件或 Web 网站的线框图、流程图、原型和规格说明文档。

作为专门的产品原型设计工具，Axure RP 比一般的创建静态产品原型的工具，如 Visio、OmniGraffle、Illustrator、Photoshop、Dreamweaver、Visual Studio、Fireworks 更便捷、高效。Axure RP 10 的工作界面如图 2-1 所示。

Axure RP 10 为用户提供了浅色和深色两种工作界面外观模式，用户可以根据个人的喜好选择。

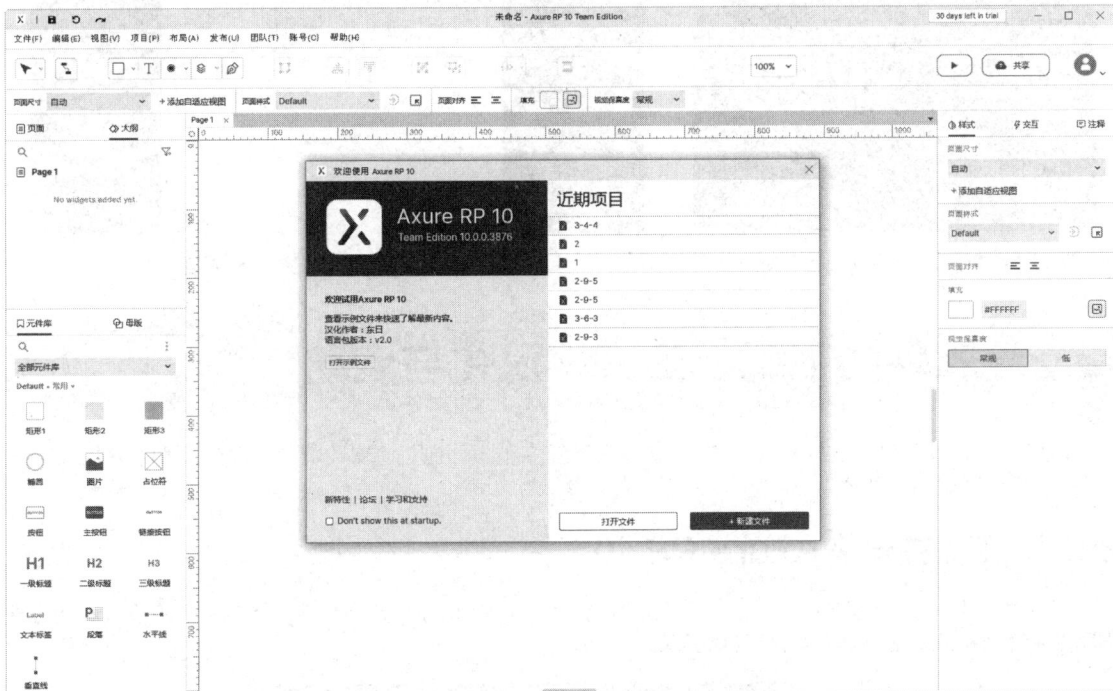

图 2-1　Axure RP 10 的工作界面

> **提示**　深色模式的工作界面外观更有利于将用户的注意力集中在原型制作上。但是为了获得更好的印刷效果、便于读者阅读，本书截图将采用浅色模式的工作界面外观。

默认情况下，Axure RP 10 使用浅色模式作为工作界面外观，执行"文件 > 备份设置"命令，弹出"偏好设置"对话框，如图 2-2 所示。在"画布"选项卡中的"外观"下拉列表中选择"深色模式"选项，如图 2-3 所示。

图 2-2　"偏好设置"对话框

图 2-3　选择"深色模式"选项

此时"偏好设置"对话框的效果如图 2-4 所示，单击"完成"按钮，完成更改工作界面外观为深色模式的操作，工作界面外观效果如图 2-5 所示。

图 2-4　深色模式"偏好设置"对话框

图 2-5　深色模式工作界面外观

2.2　软件的下载、安装、汉化与启动

用户可以通过互联网下载 Axure RP 10 的安装程序和汉化包，将软件安装并汉化后即可开始使用软件进行产品原型的设计制作。

2.2.1　下载并安装 Axure RP 10

在开始使用 Axure RP 10 之前，需要先将 Axure RP 10 软件安装到本地计算机中，用户可以通过官方网站下载所需版本的软件，如图 2-6 所示。

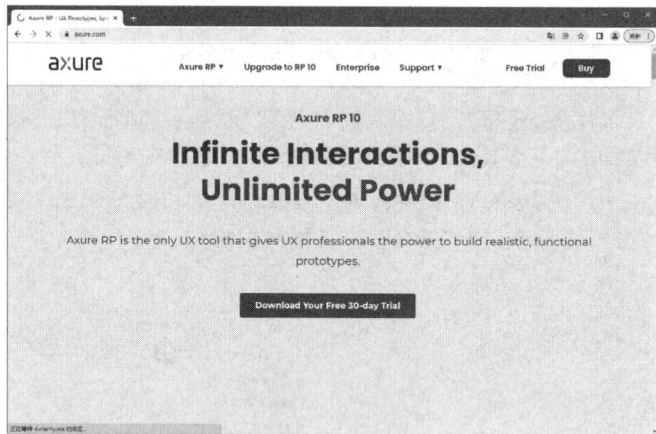

图 2-6　官方网站

> **提示**　不建议用户从第三方下载软件，因为除了有可能会被捆绑下载很多垃圾软件，还有可能使计算机感染病毒。Axure RP 10 没有发布中文版本，用户可以下载汉化包实现对软件的汉化。

课堂操作——安装 Axure RP 10

步骤 01　在下载的文件夹中双击 AxureRP-Setup.exe 文件，弹出"Axure RP 10 Setup"对话框，如图 2-7 所示。单击"Next"（下一步）按钮，进入图 2-8 所示对话框，认真阅读协议后，勾选"I accept the terms in the License Agreement"（我接受许可协议的条款）复选框。

微课 03

安装 Axure
RP 10

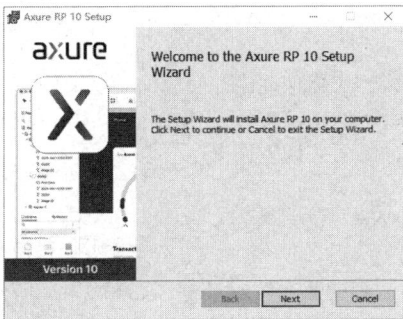

图 2-7 "Axure RP 10 Setup" 对话框

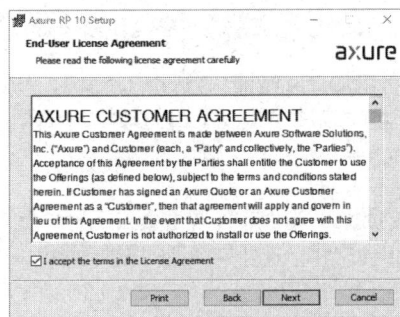

图 2-8 阅读协议并同意

步骤 02 单击 "Next"（下一步）按钮，进入图 2-9 所示对话框，设置安装地址。单击 "Change..."（改变）按钮可以更改软件的安装地址。单击 "Next"（下一步）按钮，进入图 2-10 所示对话框，准备开始安装软件。

图 2-9 设置安装地址

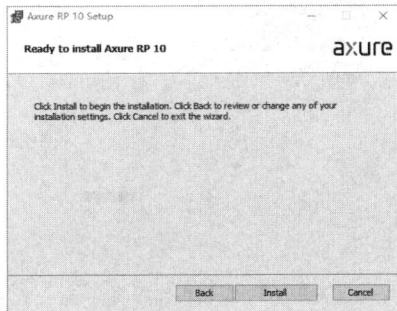

图 2-10 准备开始安装软件

步骤 03 单击 "Install"（安装）按钮，开始安装软件，如图 2-11 所示。稍等片刻，单击 "Finish"（完成）按钮，即可完成软件的安装，如图 2-12 所示。如果勾选 "Launch Axure RP 10"（打开 Axure RP 10）复选框，则在完成软件安装后将立即启动软件。

图 2-11 开始安装软件

图 2-12 完成软件的安装

步骤 04 软件安装完成后，用户可在桌面上找到 Axure RP 10 的启动图标，如图 2-13 所示。用户也可以在"开始"菜单中找到 Axure RP 10 的启动选项，如图 2-14 所示。

图 2-13 桌面启动图标

图 2-14 "开始"菜单中的启动选项

2.2.2 汉化与启动 Axure RP 10

用户可以通过互联网获得 Axure RP 10 的汉化包，下载的汉化包通常包含 1 个 lang 文件夹和 1 个说明文件，解压后如图 2-15 所示。将该文件夹直接复制到 Axure RP 10 的安装目录下，重新启动软件，即可完成软件的汉化。

汉化完成后，用户可以双击桌面上的启动图标或单击"开始"菜单中的启动选项启动软件，软件启动后的工作界面如图 2-16 所示。

lang   获取最新版语言包.txt

图 2-15 汉化文件

通常在第 1 次启动 Axure RP 10 时，系统会自动弹出"创建账号"对话框，如图 2-17 所示，要求用户输入账号和密码。用户登录账号后可以通过订阅付费的方式获得使用权限，取消了终身授权模式，支持按月购买或者按年购买。如果用户没有订阅软件，则只能试用 30 天，30 天后将无法正常使用。

图 2-16 汉化工作界面

图 2-17 "创建账号"对话框

提示　用户如果在软件启动时没有完成授权操作，可以执行"帮助 > 管理授权"命令，打开"管理授权"对话框，完成软件的授权操作。

2.3 Axure RP 10 的主要功能

使用 Axure RP 10，可以在不写任何一条 HTML 和 JavaScript 语句的情况下，通过创建文档以及相关条件和注释一键生成 HTML 演示页面。具体来说用户可以使用 Axure RP 10 完成以下功能。

2.3.1 绘制网站构架图

使用 Axure RP 10 可以快速绘制树状的网站构架图，而且可以让网站构架图中的每一个页面节点直接链接到对应网页，如图 2-18 所示。

图 2-18 绘制树状网站构架图

2.3.2 绘制示意图

Axure RP 10 中有许多会经常使用的元件，例如按钮、图片、文本、水平线和下拉列表等，使用这些元件可以轻松地绘制各种示意图，如图 2-19 所示。

图 2-19　绘制示意图

2.3.3 绘制流程图

Axure RP 10 提供了丰富的流程图元件，用户可以使用 Axure RP 10 很容易地绘制出流程图，并可以轻松地在流程图元件之间加入连接线并设定连接的格式，如图 2-20 所示。

2.3.4 实现交互设计

Axure RP 10 可以模拟实际操作中的交互效果。通过"交互编辑器"对话框中的各项动作，可以快速地为元件添加一个或多个事件并产生动作，包括单击、滚动到元件等，如图 2-21 所示。

图 2-20　绘制流程图

图 2-21　"交互编辑器"对话框

2.3.5 输出网站原型

Axure RP 10 可以将线框图直接输出成适合 IE 或火狐等不同浏览器的 HTML 项目。

2.3.6 输出 Word 格式的规格文件

Axure RP 10 可以输出 Word 格式的规格文件，文件包含目录、网页清单、网页、附有注解的原版、注释、交互和元件特定的信息，以及结尾文件（如附录）。规格文件的内容与格式也可以依据不同的阅读对象进行变更。

2.4 熟悉 Axure RP 10 的工作界面

相对于 Axure RP 9 来说，Axure RP 10 的工作界面发生了较大的变化，精简了很多区域，操作起来更简单、更直接，方便用户使用。Axure RP 10 工作界面中的各区域如图 2-22 所示。

图 2-22　Axure RP 10 工作界面中的各区域

2.4.1　菜单栏

菜单栏位于工作界面的上方，按照功能划分为9个菜单，每个菜单中包含相应的操作命令，如图2-23所示。用户可以根据要执行的操作的类型在对应的菜单下选择操作命令。

文件(F)　编辑(E)　视图(V)　项目(P)　布局(A)　发布(U)　团队(T)　账号(C)　帮助(H)

图 2-23　菜单栏

1. 文件菜单

该菜单下的命令可以实现对文件的基本操作，例如新建、打开、保存和打印等，如图 2-24 所示。

2. 编辑菜单

该菜单下包含软件操作过程中的一些编辑命令，例如复制、粘贴、全选和删除等，如图 2-25 所示。

图 2-24　文件菜单

图 2-25　编辑菜单

3．视图菜单

该菜单下包含与软件视图显示相关的所有命令，例如工具栏、面板和显示背景等，如图 2-26 所示。

4．项目菜单

该菜单下主要包含与项目有关的命令，例如元件样式管理器、全局变量和自适应视图预设等，如图 2-27 所示。

图 2-26　视图菜单

图 2-27　项目菜单

5．布局菜单

该菜单下主要包含与页面布局有关的命令，例如对齐、组合、分布和锁定等，如图 2-28 所示。

6．发布菜单

该菜单下主要包含与原型发布有关的命令，例如预览、预览选项和生成 HTML 文件等，如图 2-29 所示。

图 2-28　布局菜单

图 2-29　发布菜单

7．团队菜单

该菜单下主要包含与团队协作相关的命令，例如从当前文件创建团队项目等，如图 2-30 所示。

8．账号菜单

该菜单下的命令可以帮助用户登录其 Axure 的个人账号，并获得 Axure 的专业服务，如图 2-31 所示。

9．帮助菜单

该菜单下主要包含与帮助有关的命令，例如在线培训、查找在线帮助等，如图 2-32 所示。

| 从当前文件创建团队项目...(O) |
| 获取和打开团队项目...(A) |
| 获取所有变更(G) |
| 提交所有变更(S) |
| 检出所有(O) |
| 检入所有(I) |
| 撤销所有检出(U) |
| 从服务器获取 Page 1 的变更(F) |
| 提交 Page 1 的变更到服务器(T) |
| 检出 Page 1 (H) |
| 检入 Page 1 (N) |
| 撤销 Page 1 的检出(D) |
| 浏览团队项目历史记录(B) |
| 邀请用户...(V) |
| 重新指定团队项目位置...(R) |

图 2-30　团队菜单

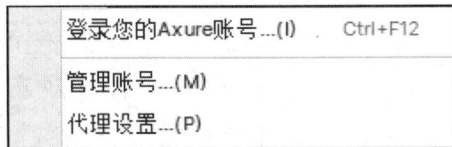

| 登录您的Axure账号...(I)　　Ctrl+F12 |
| 管理账号...(M) |
| 代理设置...(P) |

图 2-31　账号菜单

| 在线培训...(O)　　F1 |
| 查找在线帮助...(S) |
| 进入Axure论坛...(F) |
| 入门指南...(G) |
| 联系支持... |
| 欢迎界面...(W) |
| 快捷键...(K) |
| 管理授权...(M) |
| 检查更新...(C) |
| 关于 Axure RP...(A) |
| 致谢...(T) |

图 2-32　帮助菜单

2.4.2　工具栏

Axure RP 10 中的工具栏由主工具栏和样式工具栏两部分组成，如图 2-33 所示。下面对每个主工具进行简单介绍，关于每个主工具的具体使用方法，将在本书后文详细讲解。

图 2-33　工具栏

● 选择：用户可以使用"选择相交"和"选择包含"两种选择模式选择对象。在"选择相交"模式下，只要选取框与对象交叉，对象即可被选中，如图 2-34 所示。在"选择包含"模式下，只有选取框将对象全部包含时，对象才能被选中，如图 2-35 所示。

图 2-34　选择相交

图 2-35　选择包含

● 连接：使用该工具可以将各流程图元件连接起来，形成完整的流程图，如图 2-36 所示。
● 插入：该工具组包括基本形状、文本、表单文件、动态元件和钢笔 5 个栏目图标，图标右侧有向下箭头时，表示该图标下还有其他工具。单击向下箭头，即可弹出图 2-37 所示的下拉列表。选择任意选项，即可将其插入原型中。使用"文本"工具可以在原型中输入文本；使用"钢笔"工具可以在原型中绘制自定义图形。
● 控制点：使用"钢笔"工具绘制图形或将元件转换为自定义形状后，使用该工具可以调整图形的锚点，以获得更多的图形效果。

图 2-36　连接流程图元件

图 2-37　弹出下拉列表

链接　关于"钢笔"工具的使用将在本书的 4.3 节详细讲解。关于"控制点"工具的使用将在本书的 4.2 和 4.4 节详细讲解。

● 置顶：当页面中有两个以上的元件时，可以单击该按钮，将选中的元件移动到其他元件顶部。

● 置底：当页面中有两个以上的元件时，可以单击该按钮，将选中的元件移动到其他元件底部。

● 组合：同时选中多个元件后，单击该按钮，可以将多个元件组合成一个元件。

● 取消组合：单击该按钮可以取消组合操作，组合对象中的每一个元件将变回单个对象。

● 缩放：在此下拉列表中，用户可以选择视图的缩放比例，以查看不同尺寸的文件效果，缩放比例范围为 10% ~ 400%。

● 对齐：同时选中两个以上的元件后，可以在该选项组中选择不同的对齐方式对齐元件，如图 2-38 所示。

● 分布：同时选中 3 个以上的元件后，可以在该选项组中选择水平分布或垂直分布的方式分布元件，如图 2-39 所示。

图 2-38　对齐方式

图 2-39　分布方式

● 预览：单击该按钮，将自动生成 HTML 预览文件。

● 共享：单击该按钮，将弹出"发布项目"对话框，在该对话框中输入信息后单击"发布"按钮，会自动将项目发布到 Axure Cloud 上，并且用户会获得一个 Axure 提供的地址，以方便用户在不同设备上测试效果，如图 2-40 所示。

● 登录：如果用户已经登录，单击该按钮将弹出"管理账号"面板，如图 2-41 所示。如果用户未登录，单击该按钮将弹出"创建账号"对话框，用户可以选择（输入）邮箱和密码登录或者注册一个新账号。登录后能获得更多官方的制作素材和技术支持。

在 Axure RP 10 工作界面的左上角，除了 Axure RP 10 的图标，还有"保存""撤销""重做"3 个常用操作按钮，如图 2-42 所示。

● 保存：单击该按钮即可保存当前文档。

● 撤销：单击该按钮将撤销上一步操作。

● 重做：单击该按钮将再次执行上一步操作。

图 2-40 "发布项目"对话框

图 2-41 "管理账号"面板

图 2-42 操作按钮

2.4.3 面板

Axure RP 10 一共为用户提供了 7 个功能面板，分别是页面、大纲、元件库、母版、样式、交互和注释。默认情况下，这 7 个面板分为两组，分别排列于工作区的两侧，如图 2-43 所示。

图 2-43 面板组

● 页面：在该面板中可以完成有关页面的所有操作，例如新建页面、删除页面和查找页面等，如图 2-44 所示。

● 大纲：该面板中主要显示当前文件中的所有元件，如图 2-45 所示。用户可以很方便地在该面板中找到元件并对其进行各种操作。

图 2-44　页面面板

图 2-45　大纲面板

● 元件库：该面板中包含 Axure RP 10 的所有元件，如图 2-46 所示。用户还可以在该面板中完成元件库的创建、下载和载入。
● 母版：该面板用来显示页面中所有的母版文件，如图 2-47 所示。用户可以在该面板中完成有关母版的各种操作。

图 2-46　元件库面板

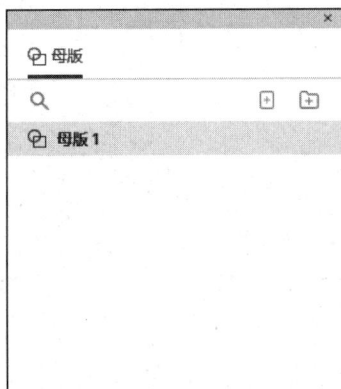

图 2-47　母版面板

● 样式：大部分元件的效果样式设置都在该面板中完成，如图 2-48 所示，该面板中的内容会根据当前所选内容发生改变。
● 交互：用户可以在该面板中为元件添加各种交互效果，如图 2-49 所示。
● 注释：在该面板中可以为元件添加说明，能帮助用户理解原型的功能，如图 2-50 所示。

图 2-48　样式面板

图 2-49　交互面板

图 2-50　注释面板

在面板名称上双击或者单击面板右上角的"折叠"按钮，即可实现面板的展开和收缩，如图 2-51 所示。这样便于用户在不同情况下最大化地显示某个面板。用户可以拖曳面板组的边界，任意调整面板的宽度，以获得满意的视图效果，如图 2-52 所示。

图 2-51　展开和收缩面板

图 2-52　拖曳调整面板宽度

将鼠标指针移动到面板名称处，按住鼠标左键拖曳，即可将面板转换为浮动状态，如图 2-53 所示。拖曳一个浮动面板到另一个浮动面板上，即可将两个面板合并为一个面板组，如图 2-54 所示。用户可以根据个人的操作习惯自由组合面板，以获得更易于操作的工作界面。

单击浮动面板或面板组右上角的"关闭"按钮，可关闭当前面板或面板组。拖曳面板或面板组顶部的灰色区域到工作界面的两侧，可将该面板或面板组转换为固定状态。

关闭后的面板如果想要再次显示，可以执行"视图＞面板"命令，在子菜单中选择想要显示的面板即可，如图 2-55 所示。

图 2-53　拖曳创建浮动面板

图 2-54　组合面板

图 2-55　执行命令显示面板

用户有时会需要更大的空间来显示产品原型，可以执行"视图 > 面板 > 切换左侧面板的显示 / 隐藏"或"视图 > 面板 > 切换右侧面板的显示 / 隐藏"命令，隐藏左右两侧的面板，效果如图 2-56 所示。再次执行相同的命令，则会将隐藏的面板显示出来，如图 2-57 所示。

图 2-56　隐藏两侧面板

图 2-57　显示两侧面板

提示　用户可以按快捷键【Ctrl+Alt+[】快速显示或隐藏左侧面板，按快捷键【Ctrl+Alt+]】快速显示或隐藏右侧面板。

2.4.4 工作区

工作区是 Axure RP 10 创建产品原型的地方。当用户新建一个页面后，在工作区的左上角将显示页面的名称，如图 2-58 所示。如果用户同时打开多个页面，则工作区将以选项卡的形式将所有页面排列在一起，如图 2-59 所示。

图 2-58　页面的名称

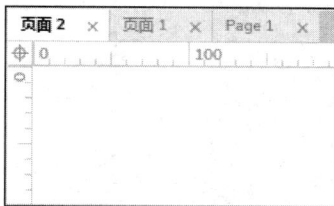

图 2-59　多个页面

> **提示**　单击页面名称即可快速切换到当前页面。通过拖曳的方式，可以调整页面显示的顺序。单击页面名称右侧的"关闭"按钮，将关闭当前页面。

当页面过多时，用户可以单击工作区右上角的"选择和管理标签页"下拉按钮，如图 2-60 所示，在弹出的下拉列表中选择所需的命令，执行关闭当前标签、关闭全部标签、关闭其他标签或跳转到其他页面的操作，如图 2-61 所示。

图 2-60　单击"选择和管理标签页"下拉按钮

图 2-61　下拉列表

2.5　自定义工作界面

每个用户的操作习惯可能不相同，Axure RP 10 为了照顾不同用户的操作习惯，允许用户根据个人喜好自定义工具栏和工作面板。

2.5.1　自定义工具栏

工具栏由主工具栏和样式工具栏两部分组成。执行"视图 > 工具栏"命令，取消勾选对应的子命令，即可将对应工具栏隐藏，如图 2-62 所示。

图 2-62　自定义工具栏

课堂操作——自定义基本工具列表

步骤 01 执行"视图＞工具栏＞自定义主工具栏"命令，如图 2-63 所示，弹出图 2-64 所示对话框。

图 2-63　执行命令

图 2-64　弹出对话框

步骤 02 对话框中显示在工具栏上的工具前面都有一个"√"图标，如图 2-65 所示。用户可以根据个人的操作习惯取消或者添加工具选项，从而自定义工具栏，如图 2-66 所示。

图 2-65　工具前面有显示图标

图 2-66　添加到工具栏

步骤 03 取消勾选对话框底部的"在图标下显示功能名称"复选框，如图 2-67 所示，将隐藏工具栏上图标对应的功能名称，单击"DONE"（完成）按钮，自定义工具栏效果如图 2-68 所示。

图 2-67　取消图标文本显示

图 2-68　自定义工具栏效果

> **提示**　单击对话框右上角的"Restore Defaults"（恢复默认）选项，即可将工具栏恢复到默认的显示状态。

2.5.2　自定义工作面板

用户可以执行"视图＞面板"命令，选择需要显示的面板，如图2-69所示。具体的操作方法已经在前文讲过，此处不再叙述。

用户可以执行"视图＞重置视图"命令，将操作造成的混乱视图重置为最初的界面布局视图，如图2-70所示。重置后的视图将恢复到默认视图状态。

图 2-69　执行"面板"命令

图 2-70　执行"重置视图"命令

2.5.3　使用单键快捷键

在 Axure RP 10 中，用户可以使用单键快捷键更快地完成产品原型的设计与制作。先按键盘上的一个字母键，然后在工作区单击或拖曳，即可生成相应类型的小部件。

Axure RP 10 中支持的单键快捷键如图2-71所示。先按【T】键，然后在工作区中单击，直接输入文本即可，效果如图2-72所示。

盼望着，盼望着，东风来了，春天的脚步近了。

x: 125 y: 271
w: 299 h: 15

图 2-71　单键快捷键

图 2-72　输入文本

执行"文件＞备份设置"命令，弹出"偏好设置"对话框，如图2-73所示。切换到"画布"选项卡，可以取消勾选"启用单键快捷方式"复选框，如图2-74所示。关闭该功能后，选中元件时输入文本，即可在该元件上快速添加文本。

图 2-73　弹出"偏好设置"对话框

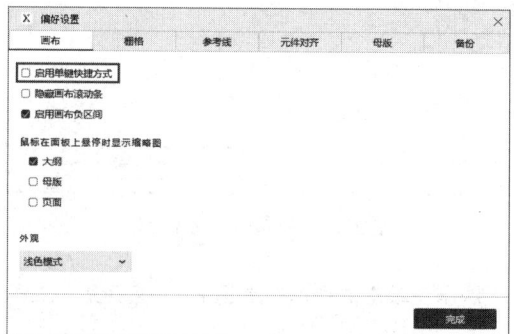

图 2-74　取消勾选"启用单键快捷方式"复选框

2.6　使用 Axure RP 10 的帮助资源

用户在使用 Axure RP 10 软件的过程中，如果遇到问题，可以通过帮助菜单寻求解答，如图 2-75 所示。

初学者可以执行"帮助 > 在线培训"命令，进入 Axure RP 10 的教学频道，跟着网站视频学习软件的使用方法。在线培训页面如图 2-76 所示。

也可以执行"帮助 > 入门指南"命令，跟随系统指示对 Axure RP 10 界面内容布局进行初步的了解。

执行"帮助 > 查找在线帮助"命令可解决一些操作中遇到的问题，在线帮助页面如图 2-77 所示。执行"帮助 > 进入 Axure 论坛"命令可以快速加入 Axure 大家庭，与世界各地的 Axure 用户分享使用软件的心得。

图 2-75　帮助菜单

图 2-76　在线培训页面

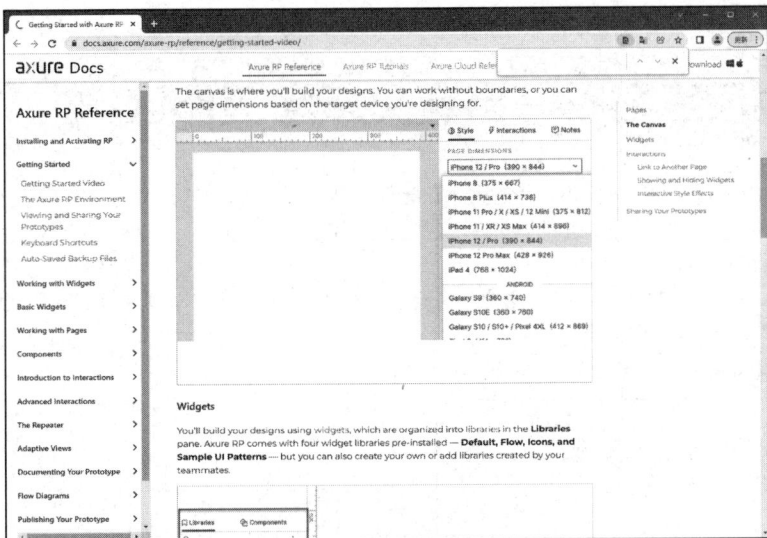

图 2-77　在线帮助页面

用户在使用软件的过程中如果遇到一些软件错误，或者想提出一些建议，可以执行"帮助 > 联系支持"命令，在"Contact Support"（联系与支持）对话框中输入相关信息，如图 2-78 所示，将意见和错误发送给软件开发者，以共同提高软件的稳定性和安全性。

执行"帮助 > 欢迎界面"命令，可以再次打开"欢迎使用 Axure RP 10"对话框，方便用户快速创建和打开文件，如图 2-79 所示。

图 2-78 "Contact Support"对话框

图 2-79 "欢迎使用 Axure RP 10"对话框

执行"帮助>快捷键"命令，将使用默认浏览器打开包括各种快捷键的网页，用户可在网页中根据操作系统的不同和使用需求的不同，查找自己需要的快捷键。

2.7 本章小结

在开始学习原型制作之前，先要掌握 Axure RP 10 软件的下载、安装方法，并了解软件工作界面，为进一步学习原型制作打下基础。

本章主要讲解了 Axure RP 10 软件的下载、安装方法及软件的主要功能，还对软件的工作界面进行了深度的剖析。在帮助读者了解和熟悉工作界面的同时，也对优化和自定义工作界面进行了详细的介绍，为后面内容的学习打下基础。

素养拓展

● **本章根据读者学习的特点，采用"视频播放 + 教师讲解"的学习方式，在学习过程中，引导读者了解"互联网 +"相关内容，使其树立民族自信心；培养读者精益求精的专业精神、职业精神和工匠精神；学习中注意培养读者的创新意识，将"为学"和"为人"相结合。**

2.8 课后练习——自定义草图工作区

使用 Axure RP 10 可以完成草图、流程图和原型的设计制作。制作不同的内容所使用软件功能的重点也不同，读者可以根据制作的需求自定义工作区，以提高工作效率。接下来完成自定义草图工作区的操作。

步骤 01 启动 Axure RP 10 软件，在"欢迎使用 Axure RP 10"对话框中单击"新建文件"按钮，新建文件效果如图 2-80 所示。

步骤 02 执行"视图>面板"命令，如图 2-81 所示。

图 2-80 新建文件效果

图 2-81 执行"视图>面板"命令

微课 05

自定义草图工作区

步骤 03 根据设计制作草图的需求，取消勾选"母版""交互""注释"命令，如图 2-82 所示。

步骤 04 完成自定义工作区的操作，如图 2-83 所示。将不会使用的面板隐藏，有利于草图的设计制作。

图 2-82 取消勾选命令

图 2-83 完成自定义工作区操作

2.9 课后测试

完成本章内容的学习后，通过几道课后习题检验读者对 Axure RP 10 相关知识的学习效果，同时加深读者对所学知识的理解。

2.9.1 选择题

1. 下列选项中不属于 Axure RP 10 内置元件的是（　　）。
A. 按钮
B. 图片
C. 导航
D. 下拉列表

2. Axure RP 10 的菜单栏按照功能划分为（　　）个菜单。
A. 5
B. 9
C. 3
D. 6

3. 下列选项中能够进入 Axure RP 10 的教学频道，跟着网站视频学习软件的使用方法的是（　　）。
A. 官方论坛
B. 检查更新
C. 在线帮助
D. 在线培训

2.9.2 填空题

1. Axure RP 10 中的工具栏由_____和_____两部分组成。
2. Axure RP 10 有两种选择模式，分别是_____和_____。
3. Axure RP 10 一共为用户提供了 7 个功能面板，分别是_____、_____、_____、_____、_____、_____和_____。
4. 用户同时打开多个页面，则工作区将以_____的形式将所有页面排列在一起。
5. 用户可以执行"_____"命令，将操作造成的混乱视图重置为最初的界面布局。

2.9.3 操作题

下载、安装并启动 Axure RP 10 软件，完成工作界面工具栏和面板的自定义操作。

03

第3章
页面管理与自适应视图

在开始学习原型设计之前，用户要先了解页面的基本管理和设置。本书对页面所提供的各种辅助工具进行了讲解，力求帮助读者创建出符合规范的站点，同时帮助读者深刻理解自适应视图设置在网页输出时的必要性，为设计制作互联网产品模型打下基础。

知识目标

- 掌握新建和设置文件的操作方法。
- 掌握页面管理的操作方法。
- 掌握参考线的创建与管理方法。
- 掌握页面设置的各项操作方法。
- 理解自适应视图的原理。
- 完成自适应视图的设置。

素养目标

- 善于梳理信息架构和页面流程，使产品原型设计更加清晰、易用。
- 具有逻辑分析能力，能够熟练设置与管理互联网产品原型的页面。

3.1 使用欢迎界面

在启动 Axure RP 10 时,会自动弹出"欢迎使用 Axure RP 10"界面,如图 3-1 所示。用户可以单击该界面右下角的"新建文件"按钮,新建一个 Axure 文件;或单击"打开文件"按钮,打开 RP 格式的文件,打开后在 Axure RP 10 中对其进行编辑修改。

图 3-1 "欢迎使用 Axure RP 10"界面

欢迎界面的左下角包含"新特性""论坛""学习和支持"3 个链接。

单击"新特性"链接可以进入官网中 Axure RP 10 新增功能的页面,如图 3-2 所示。单击"论坛"链接可以访问 Axure 的论坛,与全世界的 Axure 用户交流学习心得,如图 3-3 所示。单击"学习和支持"链接可以进入 Axure 官网获得学习资料和资源。

图 3-2 Axure RP 10 新增功能页面

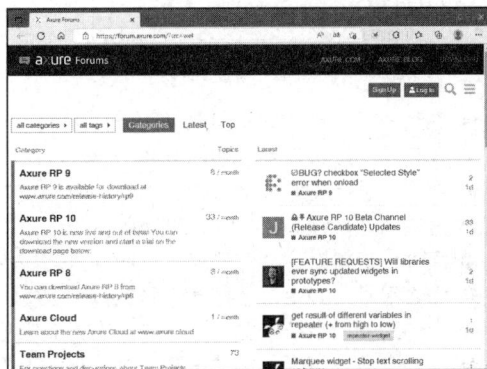

图 3-3 Axure 论坛

单击界面左侧中部的"打开示例文件"按钮,即可打开 Axure 官方提供的使用说明文件,如图 3-4 所示。界面右侧显示了最近编辑的 10 个项目,单击文件名称即可快速打开最近编辑的项目文件,如图 3-5 所示。

图 3-4 打开示例文件

图 3-5 最近编辑的项目

3.2 新建和设置 Axure 文件

在开始设计制作产品原型之前，要新建一个 Axure 文件来确定原型的内容和应用领域，以保证最终完成内容的准确性。不了解清楚产品原型用途就贸然开始制作，可能既浪费时间又会造成不可预估的损失。

除了通过欢迎界面新建文件，用户也可以执行"文件 > 新建"命令新建文件，如图 3-6 所示。

3.2.1 纸张尺寸与设置

执行"文件 > 纸张尺寸与设置"命令，可以打开"纸张尺寸与设置"对话框，如图 3-7 所示。用户可以在该对话框中设置文件的尺寸和属性。

图 3-6 新建文件　　　　　　图 3-7 "纸张尺寸与设置"对话框

● 纸张尺寸：用户可以从该下拉列表中选择预设的纸张尺寸，也可以选择"自定义"选项，手动输入需要的纸张尺寸，如图 3-8 所示。
● 单位：选择英寸或毫米等作为宽、高和页边距使用的测量单位。
● 方向：选择纵向或横向的纸张朝向。
● 尺寸：设置新建文件的尺寸，可输入自定义的纸张宽度和高度数值。
● 像素尺寸：指定每个打印纸张的像素尺寸。
● 页边距：指定纸张上、下、左、右方向上的外边距值，如图 3-9 所示。
● 设为默认：将当前尺寸设置为默认尺寸，下次新建文件时将自动使用该尺寸。

图 3-8 选择纸张尺寸　　　　　　图 3-9 设置页边距

3.2.2 文件存储

执行"文件 > 保存"命令，弹出"另存为"对话框，在对话框中输入文件名、选择保存类型后，单击"保存"按钮，即可保存文件，如图3-10所示。

> **提示** 在制作原型的过程中，一定要做到经常保存文件，避免由于系统错误或软件错误导致软件崩溃造成不必要的损失。

当前文件保存后，再次执行"文件 > 另存为"命令，也会弹出"另存为"对话框，如图3-11所示。执行此命令通常是为了获得文件的副本，或者打开一个新的文件。

图3-10 "另存为"对话框

图3-11 "文件 > 另存为"命令

> **小技巧** 用户可以单击工作界面左上角的"保存"按钮或者按快捷键【Ctrl+S】保存文件，按快捷键【Ctrl+Shift+S】则实现对文件的另存为操作。

3.2.3 存储格式

Axure RP 10支持RP格式、RPTEAM格式、RPLIB格式和UBX格式4种文件格式。不同文件格式的使用方式不同，下面逐一进行介绍。

1. RP格式

RP格式的文件是用户使用Axure进行产品原型设计时创建的单独的文件，RP格式是Axure的默认存储文件格式。以RP格式保存的原型文件，是作为一个单独文件存储在本地硬盘上的。这种Axure文件与其他应用文件，如Excel、Visio和Word文件形式完全相同，RP格式的文件图标如图3-12所示。

2. RPTEAM格式

RPTEAM格式的文件是指团队协作的项目文件，通常用于团队中多人协作处理同一个较为复杂的项目。不过，用户个人制作复杂的项目时也可以选择使用团队项目，因为团队项目允许用户随时查看并恢复到项目的任意历史版本。

3. RPLIB格式

RPLIB格式的文件是指自定义元件库文件，RPLIB格式可以用于创建自定义的元件库。用户可以在互联网上下载Axure的元件库文件来使用，也可以自己制作自定义元件库并将其分享给其他成员使用。RPLIB格式的文件图标如图3-13所示。关于元件库的使用，将在本书的第4章中详细介绍。

图3-12 RP格式的文件图标

图3-13 RPLIB格式的文件图标

4．UBX 格式

UBX 格式是一款 Ubiquity 浏览器插件的存储格式，它能够帮助用户将所能想到的互联网服务聚合至浏览器中，并应用于页面信息的切割，可以通过内容的切割技术从反馈网页中提取部分信息，让用户直接通过拖曳的方式将信息内容嵌入可视化编辑框中，从而大大提高用户的效率。

3.2.4　启动和恢复自动备份

为了保证用户不会因为计算机死机或软件崩溃等问题造成不必要的损失，Axure RP 10 为用户提供了自动备份的功能。该功能与 Word 中的自动保存功能一样，会按照用户设定的时间间隔自动保存文档。

课堂操作——设置自动备份

步骤 01 执行"文件＞备份设置"命令，弹出"偏好设置"对话框，勾选"启用自动备份"复选框，即可启动自动备份功能，如图 3-14 所示。

步骤 02 用户可以在"自动备份间隔"文本框中输入数值，用来设置希望间隔保存的时间，如图 3-15 所示。

图 3-14　启用自动备份

图 3-15　设置希望间隔保存的时间

步骤 03 如果出现意外，需要恢复自动备份的数据，可以执行"文件＞从备份恢复文件"命令，如图 3-16 所示。

步骤 04 在弹出的"从备份恢复文件"对话框中设置文件恢复的时间点，如图 3-17 所示。选择自动备份日期后，单击"恢复"按钮，即可完成文件的恢复操作。

图 3-16　执行命令

图 3-17　"从备份恢复文件"对话框

3.3 页面管理

新建 Axure RP 10 文件后，用户可以在"页面"面板中查看和管理新建的页面，如图 3-18 所示。

每个页面都有一个名字，为了便于管理，用户可以对页面进行重命名操作。在页面被选中的状态下单击页面名称处，即可重命名该页面，如图 3-19 所示。

图 3-18 "页面"面板

图 3-19 重命名页面

在想要重命名的页面上右击，在弹出的快捷菜单中选择"重命名"命令，也可以完成对页面重新设置名称的操作。

> **提示** 在为页面命名时，每一个名字应该都是独一无二的，而且页面的名字应可以清晰地注释每个页面的内容，这样产品原型才更容易被理解。

3.3.1 添加和删除页面

如果用户需要添加页面，可以单击"页面"面板右上角的"添加页面"按钮，完成页面的添加，如图 3-20 所示。添加页面的效果如图 3-21 所示。

图 3-20 "添加页面"按钮

图 3-21 添加页面的效果

为了方便进行页面管理，通常将同类型的页面放在一个文件夹下。单击"页面"面板右上角的"添加文件夹"按钮，即可完成文件夹的添加，如图 3-22 所示。添加文件夹的效果如图 3-23 所示。

图 3-22 "添加文件夹"按钮

图 3-23 添加文件夹的效果

用户如果希望在特定的位置添加页面或文件夹，首先在"页面"面板中选择一个页面，然后右击，在弹出的快捷菜单中选择"添加"命令，即可完成添加，如图 3-24 所示。

"添加"命令下包含"文件夹""在上方添加页面""在下方添加页面""子页面"4个子命令。接下来逐一讲解每条子命令。

● 文件夹：将在当前文件下新建一个文件夹，用来分类管理页面文件。
● 在上方添加页面：将在当前页面之前创建一个页面。
● 在下方添加页面：将在当前页面之后创建一个页面。
● 子页面：将为当前页面创建一个子页面。

用户如果想要删除某个页面，可以先选择想要删除的页面，然后按【Delete】键完成删除操作；也可以在想要删除的页面上右击，在弹出的快捷菜单中选择"删除"命令，完成删除操作，如图3-25所示。

如果当前删除的页面中包含子页面，则在对该页面执行删除操作时，系统会自动弹出"Warning"（警告）对话框，询问是否删除当前页面及其子页面，如图3-26所示。单击"是"按钮则删除当前页面及其所有子页面，单击"否"按钮则取消删除操作。

图 3-24 "添加"命令　　图 3-25 "删除"命令　　图 3-26 "Warning"（警告）对话框

3.3.2　移动页面

用户如果想调整页面的顺序或更改页面的级别，可以先在"页面"面板上选择需要更改的页面，然后右击，在弹出的快捷菜单中选择"移动"命令下的子命令，如图3-27所示。

图 3-27 "移动"命令

● 上移：将当前页面向上移动一层。
● 下移：将当前页面向下移动一层。
● 降级：将当前页面转换为子页面。
● 升级：将当前子页面转换为独立页面。

> **提示**　除了可以使用"移动"命令，用户还可以采用按住鼠标左键并拖曳的方式调整页面的顺序或更改页面的级别。

3.3.3　搜索页面

一个产品原型项目的页面少则几个，多则几十个，为了方便用户在众多页面中查找到某一个页面，

Axure RP 10 为用户提供了搜索功能。

单击"页面"面板左上角的搜索按钮 🔍 ，在页面顶部出现搜索文本框，如图 3-28 所示。在文本框中输入要搜索的页面名称后，即可显示搜索到的页面，如图 3-29 所示。

图 3-28　单击"搜索"按钮

图 3-29　搜索页面

单击搜索文本框右侧的图标，将还原搜索文本框。再次单击搜索按钮，将取消搜索，"页面"面板将恢复默认状态。

3.3.4　剪切、复制和粘贴页面

用户可以在页面上右击，在弹出的快捷菜单中选择"剪切"命令，将页面剪切至内存中，如图 3-30 所示。若选择"复制"命令，即可将页面复制至内存中，如图 3-31 所示。

选择想要将页面放置到的位置，右击，在弹出的快捷菜单中选择"粘贴"命令，即可将剪切或复制的内容粘贴到此位置，如图 3-32 所示。粘贴页面效果如图 3-33 所示。

图 3-30　"剪切"命令

图 3-31　"复制"命令

图 3-32　"粘贴"命令

图 3-33　粘贴页面效果

3.3.5　重复页面

原型项目中有一些页面结构基本一致，只是图片或文字内容不同，用户可以复制页面再修改内容来完成制作。在需要复制的页面上右击，在弹出的快捷菜单中选择"创建副本>页面"命令，即可为当前页面创建一个副本，如图 3-34 所示。

如果想要将页面及其子页面一起复制，则需要选择"创建副本>包含子页面"命令，如图 3-35 所示。

图 3-34　"创建副本>页面"命令

图 3-35　"创建副本>包含子页面"命令

提示　"创建副本"命令相当于一次性执行了复制、粘贴命令。其最终效果与复制后粘贴页面的效果相同。

3.4 | 页面设置

新建页面后，用户在"页面"面板中双击想要编辑的页面，即可进入页面编辑状态。默认状态下，页面显示为背景色为白色的空白页面。用户可以通过"样式"面板完成页面的设置操作。

用户可以在"样式"面板中对"页面尺寸""页面样式""页面对齐""填充""视觉保真度"等属性进行设置，如图 3-36 所示。

3.4.1 页面尺寸

默认情况下，"页面尺寸"设置为"自动"，单击右侧的下拉按钮 ，可以在弹出的下拉列表中选择预设的移动设备页面尺寸，如图 3-37 所示。

图 3-36 "样式"面板

图 3-37 设置页面尺寸

若选择"自定义网页"选项，则用户可以在下方文本框中手动设置页面的宽度，如图 3-38 所示。若选择"自定义设备"选项，则用户可以在下方文本框中手动设置页面的宽度和高度，如图 3-39 所示。

图 3-38 "自定义网页"选项

图 3-39 "自定义设备"选项

> **提示** 单击"自定义设备"选项下"W"（宽度）和"H"（高度）文本框后面的 按钮，可以实现交换宽度和高度数值的操作。

3.4.2 页面对齐

在选择"自动"和"自定义网页"选项时，用户可以在"样式"面板中设置"页面对齐"的方式，有左对齐和水平居中对齐两种方式，如图 3-40 所示。

页面制作完成后，单击工作界面右上角的"预览"按钮，对比两种对齐方式的效果，如图 3-41 所示。

图 3-40　设置"页面对齐"

图 3-41　页面的对齐方式

3.4.3　页面填充

为了实现更丰富的页面效果，用户可以为页面设置"颜色"填充和"图片"填充，如图 3-42 所示。单击"设置颜色"按钮，弹出拾色器面板，如图 3-43 所示。用户可以在拾色器面板中选择任意一种颜色作为页面的背景色。

图 3-42　设置"填充"

图 3-43　拾色器面板

> **提示**　页面背景颜色目前只支持纯色填充，不支持线性渐变和径向渐变填充。

单击"设置图片"按钮，弹出图 3-44 所示的面板。单击"选择图片"按钮，选择一张图片作为页面的背景，如图 3-45 所示。单击图片缩略图右上角的 ☒ 按钮，即可清除设置的图片背景，如图 3-46 所示。

图 3-44　设置图片填充

图 3-45　图片填充效果

图 3-46　清除图片背景

默认情况下，图片将以其实际尺寸填充 Axure RP 10 的工作区，如图 3-47 所示。单击图片下面的下拉文本框，选择图片填充背景的方式，默认填充方式为"不重复"，如图 3-48 所示。

图 3-47　图片填充范围

图 3-48　填充方式

- 不重复：图片将作为背景显示在工作区内。
- 图像重复：图片在水平和垂直两个方向上重复，从而覆盖整个工作区，如图 3-49 所示。
- 水平重复：图片在水平方向上重复，如图 3-50 所示。

图 3-49　图像重复

图 3-50　水平重复

- 垂直重复：图片在垂直方向上重复，如图 3-51 所示。
- 拉伸填充：图片等比例缩放填充整个页面，如图 3-52 所示。

图 3-51　垂直重复

图 3-52　拉伸填充

- 拉伸适应：图片等比例缩放置于工作区，如图 3-53 所示。
- 水平垂直双向拉伸：图片将双向拉伸填充整个工作区，如图 3-54 所示。

图 3-53　拉伸适应

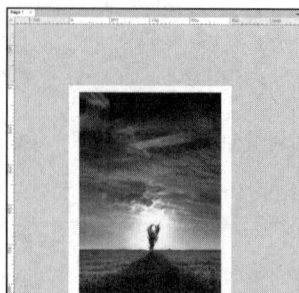

图 3-54　水平垂直双向拉伸

用户单击"对齐"选项的 9 个方框，可以分别将背景图片显示在页面的左上、顶部、右上、左侧、居中、右侧、左下、底部和右下位置，图 3-55 所示为将背景图片放置在页面右下位置。

图 3-55　背景图片放置在页面右下位置

> **提示**　并不是所有格式的图片都能应用为页面背景。目前，Axure RP 10 中背景图片只支持 GIF、JPG、PNG、BMP、SVG、XBM 和 ART 等格式。

3.4.4　低保真度

一个完整的项目原型通常包含很多的图片和文本素材。为了获得好的预览效果，需要采用较高分辨率的图片素材，而过多的图片素材会影响整个项目原型的制作流畅度。Axure RP 10 为用户提供了低保真度模式，以解决由于制作内容过多造成制作过程中出现卡顿的问题。

单击"样式"面板底部"视觉保真度"选项组中的"低"按钮，即可进入低保真度模式。在低保真度模式下，页面中的图片素材将以灰度模式显示，英文字体将替换为手写字体形式，如图 3-56 所示。

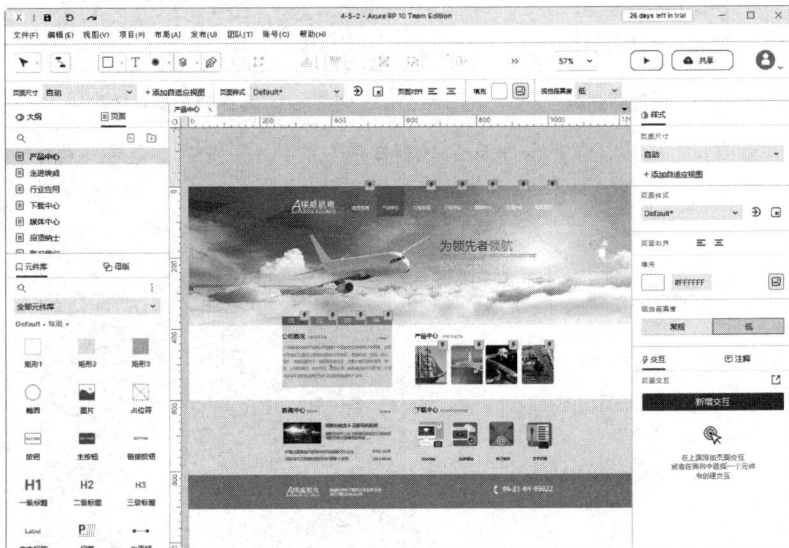

图 3-56　低保真度模式

课堂操作——新建 iOS 页面

步骤 01　启动 Axure RP 10，选择"样式"面板"页面尺寸"下拉列表中的"iPhone 8（375×667）"选项，如图 3-57 所示。新建页面效果如图 3-58 所示。

图 3-57 选择页面尺寸

图 3-58 新建页面效果

步骤 02 单击"样式"面板"填充"选项组中的颜色色块，在弹出的拾色器面板中选择图 3-59 所示的颜色。填充背景颜色效果如图 3-60 所示。

图 3-59 设置背景颜色

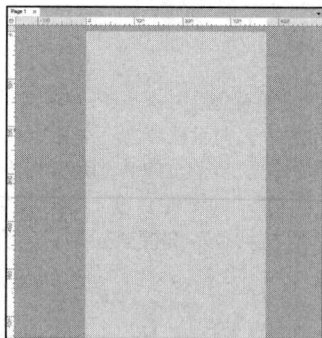

图 3-60 填充背景颜色效果

步骤 03 单击"设置图片"按钮，在弹出的面板中单击"选择图片"按钮，选择"素材 \ 第 3 章 \301.png"文件，选择填充方式为"拉伸适应"，如图 3-61 所示。填充背景图片效果如图 3-62 所示。

图 3-61 选择填充方式

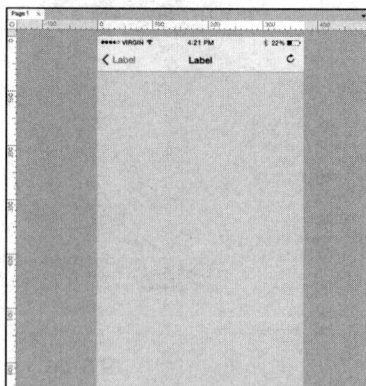

图 3-62 填充背景图片效果

3.4.5 页面样式

一个项目原型中通常包含多个页面，如果对每一个页面都单独设置尺寸、排列和填充等属性，将会浪费大量的时间。将页面的共同属性设置为样式再应用到所有页面中，可以很好地解决这个问题。

课堂操作——创建并应用页面样式

步骤 01 用户可以在"样式"面板中创建并应用样式，如图 3-63 所示。单击"页面样式"选项组中的"管理页面样式"按钮 ，弹出"页面样式管理"对话框，如图 3-64 所示。

图 3-63　创建并应用样式

图 3-64　"页面样式管理"对话框

步骤 02 用户可以根据项目中页面的类型创建不同的样式。单击"页面样式管理"对话框顶部的"添加"，即可创建一个页面样式，如图 3-65 所示。用户可以在"页面样式管理"对话框右侧设置页面的不同样式，如图 3-66 所示。

图 3-65　创建页面样式

图 3-66　设置不同的页面样式

步骤 03 单击"确定"按钮，即可完成页面样式的创建。在"页面"面板中新建一个页面，在"页面样式"下拉列表中选择刚刚创建的样式，如图 3-67 所示。样式应用到页面的效果如图 3-68 所示。

图 3-67　选择样式

图 3-68　样式应用页面效果

步骤 04 用户可以在"页面样式管理"对话框中对页面样式进行复制、上移、下移和删除操作，如图 3-69 所示。

图 3-69　对页面样式进行操作

提示　单击"页面样式管理"对话框顶部的"复制"将会复制选中的页面样式，将复制的页面样式修改后会获得一个新的页面样式。单击"复制页面样式属性"按钮，可以将当前打开页面的样式复制到"页面样式管理"对话框的右侧。

3.4.6　页面注释

用户可以在"注释"面板中为页面或页面中的元件添加注释，方便其他用户理解和修改，如图 3-70 所示。

用户可以直接在"页面概述"文本框中输入注释内容，如图 3-71 所示。单击右侧的格式按钮 Ａ，弹出格式化文本参数，用户可以设置注释文字的字体、加粗、斜体、下画线、文本颜色和项目符号等参数，如图 3-72 所示。

图 3-70　"注释"面板

图 3-71　输入注释内容

图 3-72　格式化文本参数

如果需要有多个注释，可以单击页面名称右侧的 ⚙ 按钮，弹出"注释字段和字段集"对话框，如图 3-73 所示。用户可以在该对话框中分别添加编辑元件注释、编辑元件字段集和编辑页面注释，单击"添加"即可添加一个对应的注释，如图 3-74 所示。

图 3-73　"注释字段和字段集"对话框

图 3-74　添加页面注释

单击"完成"按钮，即可在"注释"面板上添加页面注释，如图 3-75 所示。当页面同时有多个注释时，用户可以在"注释字段和字段集"对话框中完成对注释的上移、下移和删除操作，如图 3-76 所示。

图 3-75　新添加的页面注释

图 3-76　上移、下移和删除注释

单击"注释"面板中的"分配元件"，在弹出的下拉列表中选择要添加注释的元件，即可在下面的文本框中为元件添加注释，如图 3-77 所示。添加注释后的元件的右上角将显示序列数字，该数字与"注释"面板中显示的数字一致，如图 3-78 所示。

图 3-77　添加元件注释

图 3-78　显示序列数字

单击"注释"面板底部的"包含文本和 / 或文本交互"按钮，弹出图 3-79 所示的下拉列表。用户可以根据元件的使用情况，选择是否显示元件文字和交互内容，如图 3-80 所示。

若选择"包含元件文本和交互"选项，当为元件添加注释后，单击该元件，将自动在"注释"面板中显示注释内容，如图 3-81 所示。

图 3-79　下拉列表

图 3-80　显示元件文字和交互内容

图 3-81　元件注释

3.5　设置自适应视图

早期的输出终端只有显示器，而且显示器屏幕的分辨率基本只有一种或者两种，用户只需基于某个特定的尺寸进行设计就可以了。

随着移动技术的快速发展，越来越多的移动终端设备出现了，例如智能手机、平板电脑等。这些设备的屏幕尺寸多种多样，给设计师的设计工作带来了很多的难题。

为了使一个为特定屏幕尺寸设计的页面能够适合其他屏幕尺寸的终端，需要对之前所有的页面进行重新设计，还要顾及兼容性的问题，需要投入大量的人力、物力，而且后续要对所有不同屏幕的多个页面进行同步维护，这是极大的挑战。

图 3-82 所示为苹果手机和华为手机的屏幕尺寸对比。

为了满足页面原型在各屏幕尺寸的终端上都能正常显示的需要，Axure RP 10 为用户提供了自适应视图功能。用户可以在自适应视图中定义多个屏幕尺寸，当在不同屏幕尺寸的设备上浏览时，页面的样式或布局会自动发生变化。

苹果手机　　华为手机

图 3-82　屏幕尺寸对比

> **提示**　自适应视图最重要的概念是集成，因为它在很大程度上解决了维护多个页面的效率问题。其中，每个页面都会为了一个特定尺寸的屏幕而做优化设计。

自适应视图中的元件会从父视图中集成样式（如位置、大小）。如果修改了父视图中的按钮颜色，所有的子视图中的按钮颜色都会随之改变。但如果改变了子视图中的按钮颜色，父视图中的按钮颜色不会改变。

单击"样式"面板中的"添加自适应视图"，如图 3-83 所示。弹出"自适应视图"对话框，如图 3-84 所示。

图 3-83　添加自适应视图

图 3-84　"自适应视图"对话框（1）

"自适应视图"对话框中默认包含一个基本的适配选项，通过它可以设置最基础的适配尺寸。

单击"预设"下拉按钮，用户可以在弹出的下拉列表中选择系统提供的预设尺寸，如图 3-85 所示。选择"iPhone 8（375×667）"选项，"自适应视图"对话框如图 3-86 所示。

图 3-85　"预设"下拉列表

图 3-86　"自适应视图"对话框（2）

> **提示**　如果用户在"预设"下拉列表中无法找到想要的尺寸，可以直接在下面的"宽度"和"高度"文本框中输入数值。

单击"自适应视图"对话框左上角的"添加"，即可添加一种新视图，新视图的各项参数可以在"自适应视图"对话框的右侧设置，如图3-87所示。在设置相似视图时，可以先单击"复制"复制选中的选项，然后修改选项的数值得到想要的项目，"继承自"文本框将显示当前适配选项的来源，如图3-88所示。

图 3-87 "自适应视图"对话框

图 3-88 复制选项

课堂操作——设置自适应视图

步骤 01 使用各种元件创建出图 3-89 所示的页面效果。单击"样式"面板中的"添加自适应视图"，单击弹出的"自适应视图"对话框中的"添加"，在"预设"下拉列表中选择"iPhone 11 /XR/XS Max（414×896）"选项，如图 3-90 所示。

图 3-89 创建页面效果

图 3-90 选择预设选项（1）

步骤 02 再次单击"添加"，在"预设"下拉列表中选择"iPad mini 7.9"（768×1024）"选项，如图 3-91 所示。单击"确定"按钮，页面效果如图 3-92 所示。

图 3-91 选择预设选项（2）

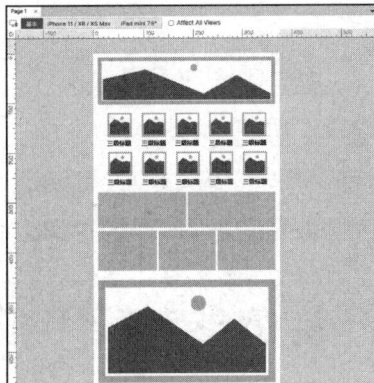

图 3-92 添加了自适应视图的页面效果

步骤 03　单击工作区顶部的"iPhone 11 /XR/XS Max"，页面效果如图 3-93 所示。取消勾选"Affect All Views"（影响所有视图）复选框，调整页面中元件的大小和分布，页面效果如图 3-94 所示。

图 3-93　单击顶部选项卡的页面效果

图 3-94　调整元件大小和分布（1）

步骤 04　单击工作区顶部的"iPad mini 7.9"，调整页面中元件的大小和分布，页面效果如图 3-95 所示。

步骤 05　单击工具栏上的"预览"按钮，在浏览器中预览页面。单击浏览器左上角的"iPhone 11 /XR/XS Max（414×896）"，在下拉列表中可以选择不同的页面设置选项预览页面效果，如图 3-96 所示。

图 3-95　调整元件大小和分布（2）

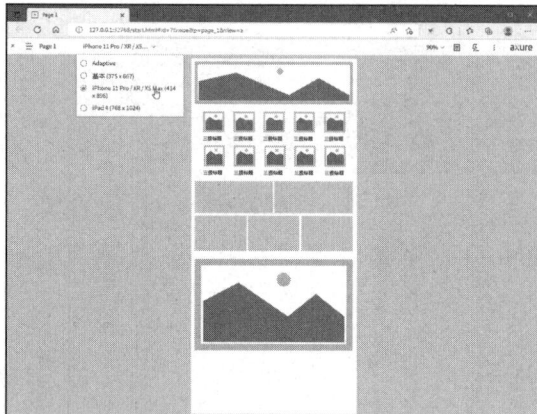

图 3-96　预览页面效果

3.6　使用参考线和栅格

为了方便用户设计制作产品原型，Axure RP 10 为用户提供了标尺、参考线和栅格等辅助工具。用户可以合理使用这些工具，以及时、准确地完成产品原型设计工作。

执行"视图>标尺、栅格和参考线>参考线设置"命令，或在页面中右击，在弹出的快捷菜单中选择"标尺、栅格和参考线>参考线设置"命令，弹出"偏好设置"对话框，如图 3-97 所示。

在默认情况下，参考线显示在页面的顶层，勾选"在背面渲染参考线"复选框，参考线将显示在页面的底层，如图 3-98 所示。

图 3-97　"偏好设置"对话框

图 3-98　背面渲染参考线

勾选"始终在标尺中显示位置"复选框，工作界面的标尺上将自动显示参考线的坐标，如图 3-99 所示。用户可以根据需求在"样式"选项组中设置 4 种参考线的颜色。单击色块，在弹出的拾色器面板中选择颜色，即可完成参考线颜色的修改，如图 3-100 所示。

图 3-99　标尺中显示参考线坐标

图 3-100　修改参考线颜色

3.6.1　参考线的分类

在 Axure RP 10 中，按照参考线功能的不同可将参考线分为全局参考线、页面参考线、页面尺寸参考线和打印参考线。

1. 全局参考线

全局参考线作用于站点中的所有页面，包括新建页面。将鼠标指针移动到标尺上，按住【Ctrl】键的同时按住鼠标左键向外拖曳，即可创建全局参考线。在默认情况下，全局参考线为紫红色，如图 3-101 所示。

2. 页面参考线

将鼠标指针移动到标尺上，按住鼠标左键向外拖曳，即可创建参考线，该参考线被称为页面参考线。页面参考线只用于当前页面，在默认情况下，页面参考线在 Axure RP 中显示为青色，如图 3-102 所示。

图 3-101　全局参考线

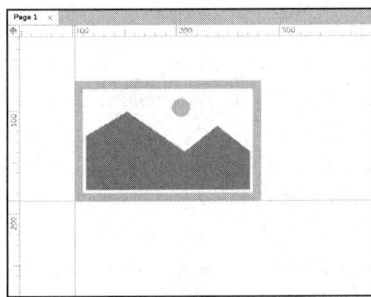

图 3-102　页面参考线

3. 页面尺寸参考线

新建页面时，用户在"样式"面板中选择预设选项或输入数值后，页面下方位置将会出现一条虚线，这就是页面尺寸参考线，如图3-103所示。页面尺寸参考线主要用于帮助用户了解页面第一屏的范围。

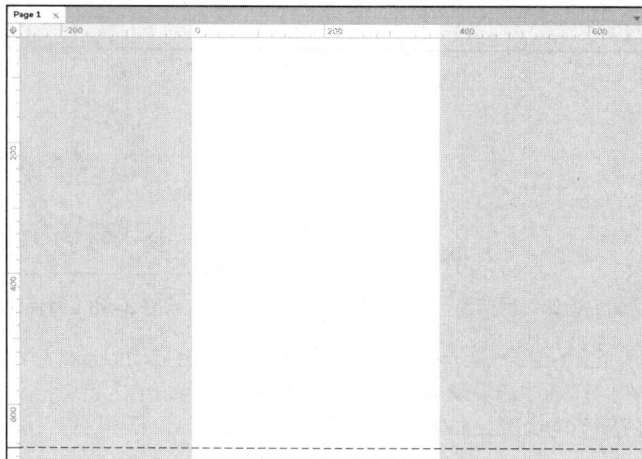

图3-103　页面尺寸参考线

4. 打印参考线

打印参考线能方便用户准确地观察页面效果，以便正确打印页面。当用户设置了纸张尺寸后，页面中将会显示打印参考线。

在默认情况下，打印参考线为隐藏状态，执行"视图>标尺、栅格和参考线>显示打印参考线"命令，即可将打印参考线显示在页面中，如图3-104所示。在默认情况下，打印参考线为灰色，如图3-105所示。

图3-104　显示打印参考线

图3-105　打印参考线

3.6.2　编辑参考线

创建参考线后，用户可以根据需求完成移动参考线、删除参考线和锁定参考线的操作。

1. 移动参考线

将鼠标指针移动到参考线上，当鼠标指针变成✛时，按住鼠标左键拖曳，即可实现移动参考线的操作。需要注意的是，打印参考线只能通过重新设置参数改变位置，不能通过直接拖曳实现移动。

2. 删除参考线

用户可以先单击或拖曳以选中要删除的参考线，再按【Delete】键将选中的参考线删除；也可以直接选中参考线再将其拖曳到标尺上进行删除。

执行"视图>标尺、栅格和参考线>删除全部参考线"命令，如图3-106所示，或在页面中右击，在弹出的快捷菜单中选择"标尺、栅格和参考线>删除全部参考线"命令，可将页面中所有的参考线删除，如图3-107所示。

图 3-106　执行命令

图 3-107　选择快捷菜单命令

> **小技巧**　用户可以在想要删除的参考线上右击，在弹出的快捷菜单中选择"删除"命令，将当前所选的参考线删除。

3. 锁定参考线

为了避免参考线移动影响产品原型的准确度，可以将设置好的参考线锁定。

执行"视图＞标尺、栅格和参考线＞锁定参考线"命令，或在页面中右击，在弹出的快捷菜单中选择"标尺、栅格和参考线＞锁定参考线"命令，即可将页面中所有的参考线锁定，如图 3-108 所示。再次执行该命令，将解锁所有参考线。

3.6.3　添加参考线

手动拖曳参考线虽然操作便捷，但在遇到要求精度极高的项目时就显得"力不从心"了。用户可以通过"添加参考线"命令创建精准的参考线。

课堂操作——添加参考线

步骤 01　执行"文件＞新建"命令，新建一个页面。执行"视图＞标尺、栅格和参考线＞添加参考线"命令，或在页面中右击，在弹出的快捷菜单中选择"标尺、栅格和参考线＞添加参考线"命令，如图 3-109 所示，弹出"添加参考线"对话框，如图 3-110 所示。

图 3-108　锁定参考线

图 3-109　添加参考线

图 3-110　"添加参考线"对话框

步骤 02　用户可以在"预设"下拉列表中选择"960 像素 网格：12 列"选项，如图 3-111 所示。

步骤 03　勾选"创建为全局参考线"复选框，可以使参考线出现在所有的页面中，方便团队的所有成员使用，如图 3-112 所示。

图 3-111　选择参考线预设选项

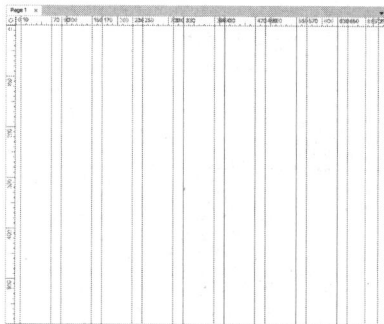

图 3-112　创建为全局参考线

提示　用户可以直接输入数值来创建参考线。应养成使用参考线的习惯，这样既能方便团队合作，又便于在一个站点中的不同页面定位元素。

3.6.4　使用栅格

使用栅格可以保持产品原型的整洁和结构化。例如设置栅格为 10 像素 ×10 像素，然后以 10 的倍数为基准来创建对象。当把这些对象放在栅格上的时候，将会更容易对齐。当然，也允许那些不同尺寸的特殊对象偏离栅格。

在默认情况下，页面中不会显示栅格。用户可以执行"视图 > 标尺、栅格和参考线 > 显示栅格"命令，或在页面中右击，在弹出的快捷菜单中选择"标尺、栅格和参考线 > 显示栅格"命令显示栅格，如图 3-113 所示。页面中栅格显示效果如图 3-114 所示。

图 3-113　显示栅格

图 3-114　栅格显示效果

小技巧　用户可以按快捷键【Ctrl+'】来完成快速显示或隐藏栅格的操作。

用户可以执行"视图 > 标尺、栅格和参考线 > 栅格设置"命令，或在页面中右击，在弹出的快捷菜单中选择"标尺、栅格和参考线 > 栅格设置"命令，在弹出的"偏好设置"对话框中设置栅格的各项参数，如图 3-115 所示。

用户可以在"间距"文本框中设置栅格的间距；在"样式"选项组中设置栅格的样式为线段或交点；在"颜色"选项中设置栅格的颜色。

用户可以执行"视图 > 标尺、栅格和参考线 > 对齐栅格"命令，或在页面中右击，在弹出的快捷菜单中选择"标尺、栅格和参考线 > 对齐栅格"命令，如图 3-116 所示。激活"对齐栅格"功能后，移动对象时对象会自动对齐栅格。

用户可以执行"视图 > 标尺、栅格和参考线 > 对齐参考线"命令，或在页面中右击，在弹出的快捷菜单中选择"标尺、栅格和参考线 > 对齐参考线"命令，如图 3-117 所示。激活"对齐参考线"功能后，移动对象时对象会自动对齐参考线。

图 3-115　栅格偏好设置 　　　　图 3-116　对齐栅格 　　　　图 3-117　对齐参考线

3.7　设置遮罩

Axure RP 10 提供了很多特殊的元件，例如热区、母版、动态面板、中继器和文本链接。当用户使用这些元件时，它们会以特殊的颜色显示，如图 3-118 所示。当用户将页面中的元件隐藏时，被隐藏元件在默认情况下会以一种半透明的黄色显示，如图 3-119 所示。

图 3-118　显示元件 　　　　　　　　　　图 3-119　隐藏元件

用户如果觉得这种遮罩效果会影响操作，可以执行"视图 > 遮罩"命令，选择对应的选项，取消遮罩效果，如图 3-120 所示。

图 3-120　取消遮罩效果

3.8　本章小结

本章主要讲解了 Axure RP 10 中的页面管理内容，包括页面的添加和删除、页面的移动、页面的搜索等。熟悉这些内容有利于了解产品原型设计的基本操作。同时本章针对 Axure RP 10 中的辅助工具进行了讲解，能帮助读者了解标尺、参考线和栅格。另外本章还对自适应视图的添加进行了介绍。

素养拓展

● **本章通过基础知识与案例操作相结合的方法讲解互联网产品原型设计制作过程中的页面管理与自适应视图的相关知识。通过本章的学习，读者的动手能力和创新精神可以得到提升，同时能了解我国互联网产品的发展现状，体会行业工匠精神。**

3.9 课后练习——创建 Android 系统页面样式

掌握 Axure RP 10 中的页面管理和操作的相关内容，能够有效地提高工作效率、降低项目制作的复杂程度。接下来完成 Android 系统页面样式的制作。

步骤 01 启动 Axure RP 10 软件，选择图 3-121 所示的页面尺寸。

步骤 02 在"页面样式管理"对话框中设置"默认"样式，如图 3-122 所示。

微课 11

创建 Android 系统页面样式

图 3-121　选择页面尺寸

图 3-122　设置"默认"样式

步骤 03 新建一个名为"Android 页面"的样式，并修改页面样式，如图 3-123 所示。

步骤 04 单击"确定"按钮，完成页面样式的设置。在"样式"面板中选择新建的"Android 页面"样式，效果如图 3-124 所示。

图 3-123　新建页面样式

图 3-124　"样式"面板

3.10 课后测试

完成本章内容的学习后，通过几道课后习题检验读者对本章相关知识的学习效果，同时加深读者对所学知识的理解。

3.10.1 选择题

1. 下列选项中不属于 Axure RP 10 新建文件页边距的是（　　　）。
A. 上
B. 下
C. 中
D. 左、右

2. 为了保证用户不会因为计算机死机或软件崩溃等问题而遭受不必要的损失，Axure RP 10 为用户提供了（　　　）的功能。
A. 自动备份
B. 找回
C. 保存
D. 自动保存

3. 下列选项中不属于 Axure RP 10 的存储格式的是（　　　）。
A. RP
B. RPPRJ
C. RPLIB
D. PSD

4. 默认情况下，下列参考线为虚线的是（　　　）。
A. 页面参考线
B. 全局参考线
C. 页面尺寸参考线
D. 打印参考线

3.10.2 填空题

1. 单击欢迎界面的"打开文件"按钮，可以打开一个_____格式的文件，可对其进行编辑修改。

2. 用户可以单击工作界面左上角的"保存"按钮或者按快捷键_____实现对文件的保存，按快捷键_____则实现对文件的另存为操作。

3. 新建 Axure RP 10 文件后，软件将自动为用户创建_____个页面，用户可以在_____面板中查看。

3.10.3 操作题

根据所学内容，创建一个 iOS 系统 App 项目的页面样式，并应用到所有页面中。

04

第4章
使用元件和元件库

元件是产品原型最基础的组成部分，使用元件可以制作出丰富的产品原型效果。本章将对 Axure RP 10 的元件和元件库进行讲解。读者学习本章后，可以掌握元件的使用方法和设置技巧，并能掌握元件库的下载与载入方法。

知识目标

- 了解"元件库"面板。
- 掌握添加元件的方法。
- 掌握设置元件样式的方法。
- 掌握编辑元件的方法。
- 掌握使用元件库的方法。
- 掌握使用外部元件库的方法。

素养目标

- 具有丰富的创意想象力，能够使用元件设计制作各种页面原型。
- 具有新颖独特的产品设计概念，能够使用元件库满足原型制作的需求。

4.1 了解"元件库"面板

Axure RP 10 的元件都放在"元件库"面板中，默认情况下，"元件库"面板位于工作界面的左侧，如图 4-1 所示。

"元件库"面板中默认显示 Default（预设）元件库，Default（预设）元件库将元件按照种类分为常用、互动、表单、菜单和表格、标记 5 种类型，如图 4-2 所示。

图 4-1　"元件库"面板

图 4-2　Default（预设）元件库

打开"全部元件库"下拉列表，用户可以在其中选择其他的元件库。在默认情况下，Axure RP 10 为用户提供了 5 个元件库，如图 4-3 所示。选择"Flow"（流程图）选项，"元件库"面板将只显示 Flow（流程图）元件库，如图 4-4 所示。

图 4-3　5 个元件库

图 4-4　Flow（流程图）元件库

> **提示**　每种类型的元件库名称右侧都有一个黑色箭头，箭头向右时，代表当前元件库中有隐藏元件；箭头向下时，代表已经显示了所有隐藏元件。用户可以单击元件库名称切换显示和隐藏元件。

单击"元件库"面板顶部的"搜索元件"按钮 🔍，图标后面将显示一个搜索栏，用户在搜索栏中输入想要搜索的元件名，即可快速将其显示在面板中，如图 4-5 所示。再次单击"搜索元件"按钮，搜索栏将隐藏。

图 4-5　搜索元件

在"元件库"面板中选择要使用的元件，按住鼠标左键不放，将鼠标指针拖曳到合适的位置后松开，即可完成将元件添加到页面的操作，如图 4-6 所示。

图 4-6 将元件添加到页面

1. 为元件命名

一个原型通常包含了很多元件，要在众多元件中查找其中的某一个元件是非常麻烦的。为元件命名就能很好地解决这个问题。

将元件拖曳到页面中后，可以在"样式"面板中为其命名，如图 4-7 所示。为了更便于使用，元件名称应尽量使用英文或者拼音，并且首字母最好大写。

> **提示** 为元件命名除了便于用户管理、查找，在制作交互效果时，也便于进行程序的选择和调用。

2. 缩放元件

将元件拖曳到页面中后，拖曳其四周的控制点，可以实现对元件的缩放，如图 4-8 所示。用户也可以在工具栏中精确修改元件的坐标和尺寸，其中 X 代表水平方向，Y 代表垂直方向，W 代表元件的宽度，H 代表元件的高度，如图 4-9 所示。

图 4-7 为元件命名　　　图 4-8 拖曳缩放元件　　　图 4-9 工具栏中设置数值缩放元件

> **提示** 用户在移动、缩放和旋转元件时，元件的右下角会显示辅助信息，能帮助用户实现精确的操作。

3. 旋转元件

按住【Ctrl】键的同时拖曳控制点，即可以任意角度旋转元件，如图 4-10 所示。用户如果要获得精确的旋转角度，可以在工具栏的"旋转"文本框中或者"样式"面板中设置，如图 4-11 所示。

图 4-10　旋转元件

图 4-11　设置旋转角度

如果元件内有文本内容，文本内容将与元件同时旋转，如图 4-12 所示。右击，在弹出的快捷菜单中选择"变换形状 > 重置元件文本为水平"选项，即可将元件中的文本恢复到 0°，如图 4-13 所示。

图 4-12　旋转文本与元件

图 4-13　将元件中的文本重置为水平

如果希望矩形与文本保持一致的高度，可以单击"样式"面板上的"适应文本高度"按钮 ⬍，效果如图 4-14 所示。如果希望矩形与文本保持一致的宽度，可以单击"样式"面板上的"适应文本宽度"按钮 ⬌，效果如图 4-15 所示。

图 4-14　自动适应文本高度

图 4-15　自动适应文本宽度

4. 设置颜色和不透明度

将元件拖曳到页面中后，用户可以在顶部工具栏中或"样式"面板中设置其填充颜色和边框颜色，如图 4-16 所示。

图 4-16 设置填充颜色和边框颜色

用户还可以修改拾色器面板底部的不透明度值，实现填充颜色或边框颜色的不透明效果，如图 4-17 所示。

5．设置边框宽度和类型

除了可以设置元件的颜色，用户还可以在顶部工具栏中或"样式"面板中设置元件的边框宽度和类型，如图 4-18 所示。

图 4-17 修改填充颜色或边框颜色的不透明度

图 4-18 设置元件的边框宽度和类型

> **链接** 除了以上所介绍的元件操作，还可以对元件进行更多的操作，详细内容将在 4.4 节介绍。

4.2.1 常用元件

Axure RP 10 一共提供了 16 个常用元件，如图 4-19 所示。将鼠标指针移动到元件上，元件右上角将出现一个问号图标，单击该图标将弹出该元件的操作提示，如图 4-20 所示。

图 4-19 常用元件

图 4-20 元件的操作提示

1．矩形

Axure RP 10 一共提供了 3 个矩形元件，分别命名为矩形 1、矩形 2 和矩形 3，如图 4-21 所示。这

3 个元件没有本质的差别，只是在边框和填充方面略有不同，方便用户在不同情况下选择使用。

选择矩形元件，拖曳元件左上角的三角形，可以将其更改为圆角矩形，如图 4-22 所示。用户可以在"样式"面板的"圆角半径"文本框中输入半径值，从而获得不同的圆角矩形效果，如图 4-23 所示。

图 4-21　3 个矩形元件　　　　图 4-22　更改为圆角矩形　　　　图 4-23　设置圆角半径

用户还可以单击"样式"面板上的"取消圆角"按钮 ⌐⌐，单独设置矩形的某一个边角为圆角或直角，如图 4-24 所示。

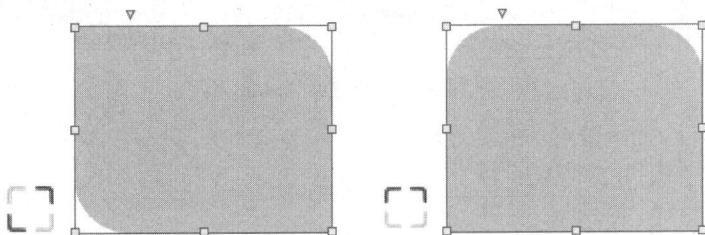

图 4-24　单独设置矩形边角

用户也可以单击工具栏上的"矩形"按钮或者按快捷键【Ctrl+Shift+B】，如图 4-25 所示，在页面中拖曳绘制一个任意尺寸的矩形。绘制过程中矩形右侧会出现矩形的尺寸参数和位置的提示信息，如图 4-26 所示。

图 4-25　单击"矩形"按钮　　　　图 4-26　矩形的尺寸和位置的提示信息

2. 椭圆

"椭圆"元件与矩形元件的绘制方法相同，选择"椭圆"元件，直接将其拖曳到页面中即可完成一个"椭圆"元件的创建。用户可以单击工具栏上的"矩形"按钮右侧的下拉按钮，在弹出的下拉列表中选择"椭圆"选项或者按快捷键【Ctrl+Shift+E】，在页面中拖曳绘制一个任意尺寸的椭圆。

3. 图片

Axure RP 10 的图片支持功能非常强大。选择"图片"元件，将其拖曳到页面中，效果如图 4-27 所示。双击"图片"元件，在弹出的"打开"对话框中选择图片，单击"打开"按钮，即可看到打开的图片，效果如图 4-28 所示。

图 4-27　"图片"元件效果　　　　图 4-28　打开图片的效果

用户也可以单击工具栏上的"矩形"按钮右侧的下拉按钮，在弹出的下拉列表中选择"图片"选项，在弹出的"打开"对话框中选择要插入的图片，单击"打开"按钮，完成图片的插入操作。

拖曳图片左上角的三角形，可以对图片添加圆角遮罩效果，圆角图片效果如图 4-29 所示。

图 4-29　圆角图片效果

在"图片"元件上右击，在弹出的快捷菜单中选择"编辑文本"命令，如图 4-30 所示，可以直接在图片上输入或编辑文本内容，如图 4-31 所示。

图 4-30　选择"编辑文本"命令

图 4-31　输入或编辑文本内容

在 Axure RP 10 中可以使用裁剪工具对图片进行裁剪操作。单击工具栏或者"样式"面板上的"裁剪"按钮 ，工作区将转换为"裁剪图片"模式，图片四周出现选框，如图 4-32 所示。工作区顶部蓝色工具条上有"裁剪""复制""剪切""关闭" 4 个选项，如图 4-33 所示。

图 4-32　"裁剪图片"模式

图 4-33　4 个选项

拖曳调整图片边缘的选框，如图 4-34 所示，单击"裁剪"或者在图片上双击，即可完成图片的裁剪操作，效果如图 4-35 所示。

单击"复制"，可将选框内的内容复制到内存中，如图 4-36 所示。单击"剪切"，可将选框内的内容剪切到内存中，如图 4-37 所示。通常复制和剪切操作会配合粘贴操作使用。单击"关闭"，将取消本次裁剪操作。

图 4-34 拖曳调整图片边缘的选框

图 4-35 裁剪图片的效果

图 4-36 复制选框内容

图 4-37 剪切选框内容

除了裁剪图片的功能，Axure RP 10 还可以完成图片分割的操作。

课堂操作——分割按钮图片

步骤 01 使用"图片"元件导入图 4-38 所示的图片。单击"样式"面板中的"分割"按钮，如图 4-39 所示。

图 4-38 导入图片

图 4-39 单击"分割"按钮

步骤 02 进入"分割图片"模式，页面中出现一个十字形的虚线，如图 4-40 所示。在图片上单击，即可完成分割操作，如图 4-41 所示。

图 4-40 "分割图片"模式

图 4-41 分割图片

步骤 03 用户可以单击右上角的按钮以选择十字分割、横向分割和纵向分割等分割方式，如图 4-42 所示。将图片多次分割，并删除多余的部分，得到图 4-43 所示的图片效果。

图 4-42 分割方式

图 4-43 分割效果

用户缩放图片时，如果图片具有圆角效果，圆角效果将和图片一起缩放，这会破坏图片的美观性，如图 4-44 所示。单击"样式"面板上的"固定边角"按钮，图片四周出现边角标记，拖曳标记可以控制缩放图片时图片边角固定的范围，如图 4-45 所示。

图 4-44 缩放破坏边角美观性

图 4-45 调整边角固定的范围

边角被固定后，当缩放调整图片大小时，图片边角将不会随图片的缩放而缩放，如图 4-46 所示。

图 4-46 缩放图片时边角不缩放的效果

单击"样式"面板上的"适应图像"按钮，可以使缩放后的图片恢复原始尺寸。

单击"样式"面板上的"调整颜色"按钮，在弹出的对话框中勾选"调整颜色"复选框，如图 4-47 所示，可以对图片的"色调""饱和度""亮度""对比度"进行调整，将蓝色按钮调整颜色后的效果如图 4-48 所示。

在图片上右击，用户可以在弹出的快捷菜单中选择"转换图片"命令下的子命令，如图 4-49 所示。

图 4-47 勾选"调整颜色"复选框

图 4-48 调整颜色后的效果

图 4-49 选择命令

● 水平翻转 / 垂直翻转：执行该命令可在水平或垂直方向上翻转图片。
● 优化图片：执行该命令，Axure RP 10 将自动优化当前图片，降低图片的质量、提高下载的速度。
● 转换 SVG 为形状：执行该命令会将 SVG 图片转换为形状图片。
● 固定边角：此命令与"样式"面板中"固定边角"按钮的作用相同。
● 编辑连接点：执行该命令，图片四周将会出现 4 个连接点，如图 4-50 所示。用户可以拖曳调整连接点的位置，如图 4-51 所示。

图 4-50 4 个连接点

图 4-51 调整连接点的位置

提示 在图片上单击，即可为图片添加连接点。选中一个连接点，按【Delete】键，即可将其删除。

4. 占位符

"占位符"元件没有实际的意义，只是作为临时占位的元件存在。当用户需要在页面上预留一个位置，但是还没有确定要放什么内容的时候，可以选择先放一个"占位符"元件。

选择"占位符"元件，将其拖曳到页面中，效果如图 4-52 所示。

图 4-52 "占位符"元件效果

5. 按钮

Axure RP 10 为用户提供了 3 种按钮元件，分别是按钮、主按钮和链接按钮。用户可以根据不同的用途选择不同的按钮元件。选择"按钮"元件，将其拖曳到页面中，效果如图 4-53 所示。双击"按钮"元件即可修改按钮上的文字，效果如图 4-54 所示。

图 4-53 "按钮"元件效果

图 4-54 修改按钮上的文字

6. 文本

Axure RP 10 中的文本元件有标题元件和文本元件两种。标题元件又分为"一级标题""二级标题""三级标题"元件。文本元件则分为"文本标签"和"段落"元件。

用户可以根据需要选择不同的标题元件，将其拖曳到页面中，3 个标题元件的效果如图 4-55 所示。

图 4-55 3 个标题元件的效果

"文本标签"元件的主要功能是输入较短的普通文本，选择"文本标签"元件，将其拖曳到页面中，效果如图 4-56 所示。"段落"元件可以用来输入较长的普通文本，选择"段落"元件，将其拖曳到页面中，效果如图 4-57 所示。

Lorem ipsum dolor sit amet, consectetur adipiscing elit. Aenean euismod bibendum laoreet. Proin gravida dolor sit amet lacus accumsan et viverra justo commodo. Proin sodales pulvinar sic tempor. Sociis natoque penatibus et magnis dis parturient montes, nascetur ridiculus mus. Nam fermentum, nulla luctus pharetra vulputate, felis tellus mollis orci, sed rhoncus pronin sapien nunc accuan eget.

文本标签

图 4-56 "文本标签"元件效果　　　　　　图 4-57 "段落"元件效果

拖曳标题元件或文本元件四周的控制点，内部的文本会自动调整位置。当文本框的宽度比文本内容大时，可以调整文本框的大小，如图 4-58 所示。

单击"样式"面板上的"适应文本宽度"按钮 ⇌ 或"适应文本高度"按钮 ↕，可快速将文本框的宽度或高度与文本内容适配。双击文本框的控制点，可快速使文本框大小与文本一致，如图 4-59 所示。

图 4-58 调整文本框的大小　　　　　　图 4-59 快速调整文本框的大小

选择文本框，用户可以在工具栏上为其设置填充颜色和边框颜色，如图 4-60 所示。选择文本内容，在工具栏中可以为文本设置颜色，如图 4-61 所示。

图 4-60 设置填充颜色和边框颜色　　　　　　图 4-61 设置文本颜色

除了可以为文本设置颜色，用户还可以在工具栏中为文本设置字体、字形和字号，以及为文本设置加粗、斜体、下画线、删除线或项目符号等效果，如图 4-62 所示。

图 4-62 设置文本属性

单击"更多文本选项"按钮，用户可以在弹出的面板中为文本设置行距、字符间距、基线和字母大小写等，如图 4-63 所示。也可以在勾选"文本阴影"复选框后，为文本添加阴影效果，如图 4-64 所示。

图 4-63 "更多文本选项"面板

图 4-64 文本阴影效果

> **提示** 用户也可以单击工具栏上的"文本"按钮 T 或按快捷键【Ctrl+Shift+T】,然后在页面上单击或拖曳,完成一个"文本标签"元件的创建。

7. 水平线和垂直线

使用"水平线"元件和"垂直线"元件可以创建水平线段和垂直线段。水平线和垂直线通常是用来分割功能或美化页面的。选择"水平线"元件和"垂直线"元件,将其拖曳到页面中,效果如图 4-65 所示。

选择线段,用户可以在工具栏中为其设置颜色、线宽或类型,如图 4-66 所示。用户也可以单击工具栏上的"箭头样式"按钮 ⇆,在弹出的下拉列表中选择一种箭头效果,如图 4-67 所示。

图 4-65 "水平线"元件和"垂直线"元件效果

图 4-66 设置线段属性

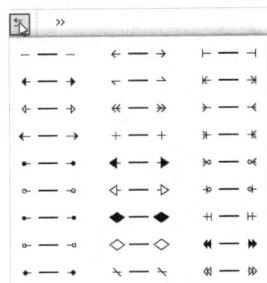

图 4-67 设置线段箭头效果

> **提示** 用户也可以单击工具栏上的"矩形"按钮右侧的下拉按钮,在弹出的下拉列表中选择"线段"选项,然后在页面中拖曳绘制任意角度的线段。

4.2.2 互动元件

Axure RP 10 一共提供了 6 个互动元件,如图 4-68 所示。使用这些元件可以完成原型与用户间的数据交互。

1. 动态面板

"动态面板"元件是 Axure RP 10 中最常用的元件之一,它可以被看作拥有很多种不同状态的超级元件。

> **链接** 关于"动态面板"元件的使用方法和技巧,将在本书的 6.5 节中详细介绍。

2. 中继器 – 表格 / 中继器 – 卡片

这两个元件可以用来生成由重复条目组成的列表页,如商品列表、联系人列表等,并且可以非常方便地通过预先设定的事件,对列表进行新增条目、删除条目、编辑条目、排序和分页的操作。

> **链接** 关于"中继器 – 表格"元件和"中继器 – 卡片"元件的使用方法和技巧,将在本书的第 9 章中详细介绍。

3. 热区

热区就是一个隐形但可以点击的面板。在"元件库"面板中选择"热区"元件，将其拖曳到页面中。使用热区可以完成为一张图片同时设置多个超链接的操作，如图 4-69 所示。

图 4-68　6 个互动元件

图 4-69　一张图片设置多个超链接

4. 内联框架

"内联框架"元件是网页制作中的 iframe 框架。在 Axure RP 10 中，用户使用"内联框架"元件可以应用任何一个以"HTTP：//"开头的 URL 所标示的内容，如一张图片、一个网站、一个动画。选择"内联框架"元件，将其拖曳到页面中，效果如图 4-70 所示。

双击"内联框架"元件，弹出"链接属性"对话框，如图 4-71 所示。用户可以在该对话框中选择"链接到当前项目的某个页面"或"链接到一个外部链接或文件"。

图 4-70　"内联框架"元件效果

图 4-71　"链接属性"对话框

> **提示**　iframe 是 HTML 的一个控件，用于在一个页面中显示另外一个页面。

5. 快照

快照可让用户捕捉引用页面或主页面图像。可以配置"快照"元件来显示整个页面或页面的一部分，也可以在捕捉图像之前对需要应用交互的页面建立一个快照。选择"快照"元件，将其拖曳到页面中，效果如图 4-72 所示。

双击元件即可弹出"引用页"对话框，如图 4-73 所示。在该对话框中可以选择引用的页面或母版，引用效果如图 4-74 所示。

图 4-72　"快照"元件效果

图 4-73　"引用页"对话框

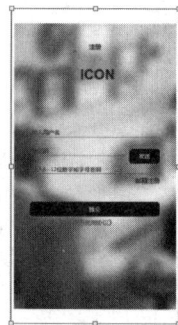

图 4-74　引用效果

在"样式"面板的"快照"选项下可以看到页面快照的各项参数，如图 4-75 所示。取消勾选"自适应缩放"复选框，引用页面将以实际尺寸显示，如图 4-76 所示。

双击元件，鼠标指针变成手形标记，可以拖曳查看引用页面，如图 4-77 所示。滚动鼠标滚轮，可以缩小或放大引用页面，也可以拖曳四周控制点调整快照的尺寸，如图 4-78 所示。

图 4-75 页面快照的各项参数　图 4-76 以实际尺寸显示　图 4-77 拖曳查看　图 4-78 调整快照的尺寸

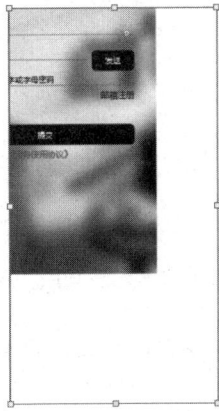

4.2.3　表单元件

Axure RP 10 为用户提供了丰富的表单元件，便于用户在原型中制作更加逼真的表单效果。表单元件主要包括文本框、文本域、下拉框、列表框、复选框和单选按钮，接下来逐一进行介绍。

1. 文本框

"文本框"元件主要用来接收用户输入内容，但是仅接收单行的文本输入。选择"文本框"元件，将其拖曳到页面中，效果如图 4-79 所示。文本框中输入的文本的样式，可以在"样式"面板中的"排版"选项组中进行设置，如图 4-80 所示。

图 4-79 "文本框"元件效果　　图 4-80 设置文本框中输入的文本的样式

在"文本框"元件上右击，在弹出的快捷菜单中选择"输入类型"命令下的子命令，可以选择文本框的不同类型，如图 4-81 所示。选择"设置最大输入长度"命令，用户可以在弹出的"文本框最大输入长度"对话框中设置文本框的最大长度，如图 4-82 所示。

图 4-81　选择文本框的不同类型　　　　　图 4-82　设置文本框的最大长度

课堂操作——创建文本框

步骤 01　将"文本框"元件拖曳到页面中，在"样式"面板中设置其名称为"用户名"，如图 4-83 所示。在"样式"面板中设置文本框边框属性，如图 4-84 所示。

图 4-83　为元件设置名称　　　　　图 4-84　设置文本框边框属性

步骤 02　按住【Ctrl】键的同时向下拖曳文本框，即可复制一个文本框，如图 4-85 所示。将复制的文本框的名称修改为"密码"。将"主按钮"元件拖曳到页面中，调整其大小和文本内容，设置其名称为"提交"，效果如图 4-86 所示。

图 4-85　复制文本框　　　　　图 4-86　"主按钮"元件效果

步骤 03　在"用户名"文本框上右击，在弹出的快捷菜单中选择"输入类型＞文本"命令，如图 4-87 所示。使用相同的方法，将"密码"文本框输入类型设置为"密码"。

步骤 04 在"用户名"文本框上右击，在弹出的快捷菜单中选择"设置最大输入长度"命令，如图 4-88 所示。在弹出的"文本框最大输入长度"对话框中将"最大长度"设置为 8，单击"确定"按钮，如图 4-89 所示。使用相同的方法，设置"密码"文本框的最大长度。

图 4-87　设置输入类型　　图 4-88　选择"设置最大输入长度"命令　　图 4-89　设置最大长度

步骤 05 在"用户名"文本框上右击，在弹出的快捷菜单中选择"指定提交按钮"命令，在弹出的"指定提交按钮"对话框中选择"提交"按钮元件，如图 4-90 所示。使用相同的方法，设置"密码"文本框的提交按钮。

步骤 06 在"用户名"文本框上右击，在弹出的快捷菜单中选择"添加工具提示"命令，在弹出的"工具提示"对话框中输入提示内容，如图 4-91 所示。使用相同的方法，设置"密码"文本框的工具提示。

步骤 07 单击"确定"按钮，完成工具提示的添加。单击工作界面右上角的"预览"按钮，预览效果如图 4-92 所示。

图 4-90　选择"提交"按钮元件　　图 4-91　添加工具提示内容　　图 4-92　预览效果

在文本框上右击，选择"只读"或"禁用"命令，可以将文本框设置为只读或禁用状态，如图 4-93 所示。

除了通过快捷菜单设置文本框外，用户还可以在"交互"面板中完成对文本框样式的设置。单击"交互"面板中"文本框属性"右侧的"显示全部"按钮，如图 4-94 所示。该面板底部将显示隐藏的文本框样式，如图 4-95 所示。

图 4-93　选择"只读"或"禁用"命令　　图 4-94　单击"显示全部"按钮　　图 4-95　显示隐藏样式

用户可以在"交互"面板中快速设置文本框的"输入类型""提示文本""工具提示""Submit Button""最大长度""禁用""只读"等属性。

设置的"提示文本"将默认显示在文本框中，如图 4-96 所示。用户可以在"隐藏时机"选项组中选择在哪种情况下显示提示文本。选择"输入中"选项，用户在文本框中输入文本时，将隐藏提示文本。选择"获取焦点"选项时，只要用户激活文本框，就隐藏提示文本。图 4-97 所示为设置"隐藏时机"选项为"输入中"的效果。

图 4-96　提示文本

图 4-97　设置"隐藏时机"为"输入中"的效果

2. 文本域

文本域能够接收用户输入的多行文本。选择"文本域"元件，将其拖曳到页面中，效果如图 4-98 所示。文本域的设置与文本框基本相同，此处不再赘述。

3. 下拉框

下拉框主要用来显示一些列表项，以便用户选择。下拉框只能选择选项，不能输入。选择"下拉框"元件，将其拖曳到页面中，效果如图 4-99 所示。

图 4-98　"文本域"元件效果

图 4-99　"下拉框"元件效果

双击"下拉框"元件，单击弹出的"编辑下拉列表"对话框中的"添加"，可以逐一添加列表项，效果如图 4-100 所示。单击"批量编辑"，用户可以在"批量编辑"对话框中一次输入多项文本内容，单击"确定"按钮，完成批量列表的添加，如图 4-101 所示。

勾选某个列表项前面的复选框，代表将其设置为默认显示的选项，所有列表项都没有勾选则默认第一项为默认显示选项。用户可以单击"编辑下拉列表"对话框中的"上移"和"下移"调整列表项的顺序。选中列表项，单击"删除"，即可删除该列表项。单击"确定"按钮，下拉框中即可显示添加的列表项，效果如图 4-102 所示。

图 4-100　添加效果

图 4-101　编辑多项效果

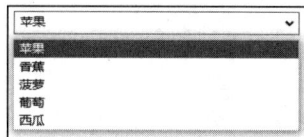

图 4-102　下拉框效果

4. 列表框

"列表框"元件一般会在页面中显示多个供用户选择的选项，并且允许用户同时选择多个。选择"列表框"元件，将其拖曳到页面中，效果如图 4-103 所示。

双击"列表框"元件，用户可以在弹出的"编辑列表框"对话框中为其添加列表项，"编辑列表框"

对话框如图 4-104 所示。"列表框"元件添加列表项的方法和"下拉框"元件的添加方法相同。勾选"默认允许多选"复选框，则可允许用户同时选择多个选项，图 4-105 所示为列表框预览效果。

图 4-103　"列表框"元件效果　　　图 4-104　"编辑列表框"对话框　　　图 4-105　列表框预览效果

5. 复选框

"复选框"元件允许用户选择多个选项，选中状态以"√"显示，再次单击复选框则取消选择。选择"复选框"元件，将其拖曳到页面中并进行设置，效果如图 4-106 所示。

用户可以在复选框上右击，在弹出的快捷菜单中选择"选中"命令，或者在"交互"面板中勾选"选中"复选框，如图 4-107 所示。Axure RP 10 允许用户直接在复选框元件的正方形上单击将其设置为默认选中状态，如图 4-108 所示。

图 4-106　"复选框"元件效果　　　图 4-107　设置选中状态　　图 4-108　单击设置为默认选中状态

用户可以在"样式"面板中的"按钮"选项组中设置复选框的尺寸和对齐方式，如图 4-109 所示。左对齐和右对齐效果如图 4-110 所示。

图 4-109　设置复选框的尺寸和对齐方式　　　图 4-110　两种对齐效果

6. 单选按钮

"单选按钮"元件要求用户在多个选项中只能选择一个选项。选择"单选按钮"元件，将其拖曳到页面中并进行设置，效果如图 4-111 所示。

为了实现单选按钮效果，必须将多个单选按钮同时选中，右击，在弹出的快捷菜单中选择"分配单选按钮组"命令，如图 4-112 所示。在弹出的"选项组"对话框中输入组名称，单击"确定"按钮，即可完成选项组的创建，如图 4-113 所示。

性别

〇男　　〇女

图 4-111　"单选按钮"元件效果　　　　图 4-112　选择命令　　　　图 4-113　设置选项组名称

提示　Axure RP 10 允许用户直接在"单选按钮"元件的圆圈上单击将其设置为默认选中状态。

4.2.4　菜单和表格元件

Axure RP 10 为用户提供了实用的菜单和表格元件。用户可以使用该组元件非常方便地制作数据表格和各种形式的菜单。菜单和表格元件主要包括树、传统表格、传统菜单-横向和传统菜单-纵向 4 个元件，如图 4-114 所示。接下来逐一进行介绍。

1. 树

"树"元件的主要功能是创建树状菜单。选择"树"元件，将其拖曳到页面中，效果如图 4-115 所示。

单击元件前面的三角形，可将该树状菜单收起或打开，收起树状菜单时效果如图 4-116 所示。双击单个选项可以修改选项文本，效果如图 4-117 所示。

图 4-114　菜单和表格元件

▼ 项目1
　　项目1.1
　　项目1.2
　　项目1.3

▶ 项目1

▼ 新闻
　　体育新闻
　　娱乐新闻
　　财经新闻

图 4-115　"树"元件效果　　　图 4-116　收起树状菜单　　　图 4-117　修改选项文本效果

在"树"元件上右击，在弹出的快捷菜单中选择"添加"命令下的子命令可以实现添加菜单的操作，如图 4-118 所示。

编辑树属性(E)

添加(A)　　▶　　添加子菜单(C)

移动(M)　　▶　　在上方添加菜单(B)

删除节点(D)　　　在下方添加菜单(A)

编辑图标(I)

图 4-118　添加菜单

● 添加子菜单：选择该命令，用户可以在当前选中菜单下添加一个子菜单。
● 在上方添加菜单：选择该命令，用户可以在当前菜单上方添加一个同级菜单。
● 在下方添加菜单：选择该命令，用户可以在当前菜单下方添加一个同级菜单。

用户如果想删除某一个菜单项，可以在该菜单项上右击，在弹出的快捷菜单中选择"删除节点"命令，如图 4-119 所示。

如果想要调整某一个菜单项的显示顺序和上下级，可以在该菜单项上右击，在弹出的快捷菜单中选择"移动"命令下的子命令实现，如图 4-120 所示。

图 4-119　选择"删除节点"命令

图 4-120　移动菜单

● 上移：选择该命令，选中的菜单项将在同级菜单中向上移动一条。

● 下移：选择该命令，选中的菜单项将在同级菜单中向下移动一条。

● 升级：选择该命令，选中的菜单项将向上调整一级，如图 4-121 所示。

● 降级：选择该命令，选中的菜单项将向下调整一级，如图 4-122 所示。

图 4-121　升级菜单

图 4-122　降级菜单

　　选中"树"元件，右击，在弹出的快捷菜单中选择"编辑树属性"命令，如图 4-123 所示。弹出"树属性"对话框，如图 4-124 所示。用户也可以单击"样式"面板中的"编辑树属性"，弹出"树属性"对话框，如图 4-125 所示。

图 4-123　选择"编辑树属性"命令

图 4-124　"树属性"对话框

图 4-125　"样式"面板

　　在"树属性"对话框中，用户可以将"显示展开 / 折叠图标"设置为"加号 / 减号"或"三角形"，也可以导入 9 像素 ×9 像素的图片，设置个性化的展开图标，如图 4-126 所示。若勾选"显示图标（在树节点上使用菜单来导入图标）"复选框，将在菜单项前显示图标，如图 4-127 所示。

图 4-126　设置个性化的展开图标

图 4-127　在菜单项前显示图标

　　选中"树"元件，右击，在弹出的快捷菜单中选择"编辑图标"命令，或者单击"样式"面板中的"编辑图标"，用户可以在弹出的"树节点图标"对话框中导入一个 16 像素 ×16 像素的图片作为"仅当前节点"图标、"当前节点和所有同级节点"图标或"当前节点、所有同级节点和所有子节点"图标，"树节点图标"

对话框如图 4-128 所示。图 4-129 所示为"仅当前节点"图标效果。

图 4-128 "树节点图标"对话框

图 4-129 "仅当前节点"图标

提示 树状菜单具有一定的局限性，若显示树节点上添加的图标，则所有菜单项都会自动添加图标，且元件的边框也不能自定义格式。如果想要制作更多效果，可以考虑使用动态面板。

2. 传统表格

使用表格元件可以在页面上显示表格数据。选择"传统表格"元件，将其拖曳到页面中，效果如图 4-130 所示。

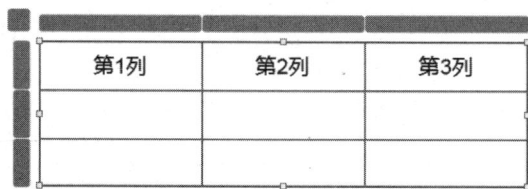

图 4-130 "传统表格"元件

用户可以单击表格左上角的灰色圆角矩形快速选中整个表格，如图 4-131 所示。也可以单击表格顶部或左侧的圆角矩形，快速选中整列或者整行，图 4-132 所示为选中表格的整列。

图 4-131 选中整个表格

图 4-132 选中表格的整列

选择行或列后，可以在"样式"面板中为其设置"填充"和"边框"样式，也可以在工具栏中直接为其设置填充颜色、边框颜色和边框粗细，效果如图 4-133 所示。

用户如果想增加行或者列，可以在表格元件上右击，在弹出的快捷菜单中选择对应的命令，如图 4-134 所示。

图 4-133 表格样式效果

图 4-134 表格元件快捷菜单

- 选择行 / 选择列：执行该命令将选中一行或者一列。
- 在上方插入行 / 在下方插入行：执行该命令将在当前行的上方或下方插入一行。
- 在左侧插入列 / 在右侧插入列：执行该命令将在当前列的左侧或右侧插入一列。
- 删除行 / 删除列：执行该命令将删除当前所选行或列。

3．传统菜单–横向

使用"传统菜单–横向"元件可以在页面上轻松制作水平菜单效果。

课堂操作——制作水平菜单

步骤 01 在"元件库"面板中选择"传统菜单–横向"元件，将其拖曳到页面中，效果如图 4-135 所示。

图 4-135 "传统菜单–横向"元件效果

步骤 02 双击元件上的菜单名，修改菜单文本，如图 4-136 所示。在元件上右击，在弹出的快捷菜单中选择"编辑菜单边距"命令，在弹出的"菜单边距"对话框中设置边距的值，选择应用的范围，如图 4-137 所示。

图 4-136 修改菜单文本

图 4-137 设置菜单边距值

步骤 03 单击"确定"按钮，效果如图 4-138 所示。选择水平菜单，在"样式"面板中为其设置填充颜色；选择单元格，为其设置填充颜色，如图 4-139 所示。

图 4-138 菜单边距效果

图 4-139 设置填充颜色

步骤 04 用户如果希望添加菜单项，可以在元件上右击，在弹出的快捷菜单中选择添加菜单项的命令，如图 4-140 所示。可以在当前菜单项的前方或者后方添加菜单项，效果如图 4-141 所示。选择"删除菜单项"命令即可删除当前菜单项。

图 4-140 选择添加菜单项的命令

图 4-141 添加菜单项效果

步骤 05 在元件上右击，在弹出的快捷菜单中选择"添加子菜单"命令，即可为当前单元格添加子菜单，效果如图 4-142 所示。使用相同的方法可以继续为子菜单添加子菜单，效果如图 4-143 所示。

图 4-142 添加子菜单效果

图 4-143 继续添加子菜单效果

提示 除了通过快捷菜单进行菜单填充设置外，用户还可以在"样式"面板中的"菜单填充"选项组中设置填充值。

4. 传统菜单 – 纵向

使用"传统菜单–纵向"元件可以在页面上轻松制作纵向菜单效果。选择"传统菜单–纵向"元件，将其拖曳到页面中，效果如图 4-144 所示。"传统菜单–纵向"元件与"传统菜单–横向"元件的使用方法基本相同，此处就不再详细介绍了。

图 4-144 "传统菜单 – 纵向"元件效果

4.2.5 标记元件

Axure RP 10 中的标记元件主要用来帮助用户对产品原型进行说明和标注。标记元件主要包括横向箭头、纵向箭头、便签、圆形标记和水滴标记等，如图 4-145 所示。接下来逐一进行介绍。

1. 横向箭头和纵向箭头

使用箭头可以标注产品原型细节。Axure RP 10 提供了"横向箭头"和"纵向箭头"两种箭头元件。选择"横向箭头"元件和"纵向箭头"元件，将其拖曳到页面中，效果如图 4-146 所示。

图 4-145 标记元件

图 4-146 箭头元件

选中箭头元件，可以在工具栏或"样式"面板中设置其图案、颜色、厚度和箭头样式，图 4-147 所示为设置箭头图案，图 4-148 所示为设置箭头样式。

图 4-147 设置箭头图案

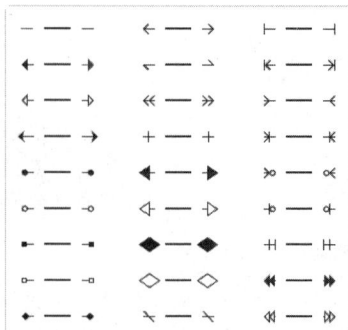

图 4-148 设置箭头样式

2. 便签

Axure RP 10 为用户提供了 4 种不同颜色的便签，以便用户在原型标注时使用。选择不同的便签元件，将其拖曳到页面中，效果如图 4-149 所示。

便签 1　　　　便签 2　　　　便签 3　　　　便签 4

图 4-149　便签元件效果

微课 15

制作便签

课堂操作——制作便签

步骤 01 选择便签元件，用户可以在工具栏或"样式"面板中对其填充和边框样式进行修改，如图 4-150 所示。

步骤 02 双击元件，即可在元件内添加文本内容，效果如图 4-151 所示。

图 4-150　设置便签样式

最新产品

优美的户型设计，得天独厚的地理位置。给您带来温馨的家。

图 4-151　添加文本内容

3. 圆形标记和水滴标记

Axure RP 10 为用户提供了两种不同形式的标记：圆形标记和水滴标记。选择"圆形标记"元件和"水滴标记"元件，将其拖曳到页面中，效果如图 4-152 所示。

"圆形标记"元件和"水滴标记"元件主要是用于在完成的原型上进行标记说明的。双击元件，可以为其添加文本，如图 4-153 所示。选中元件，在工具栏上可以修改其填充颜色、外部阴影、边框粗细、边框颜色、边框图案类型和箭头样式，修改后的效果如图 4-154 所示。

图 4-152　"圆形标记"元件和"水滴标记"元件效果　　　图 4-153　添加文本　　图 4-154　修改样式效果

4.2.6　Flow（流程图）元件

Axure RP 10 为用户提供了专用的流程图元件，用户可以直接使用这些元件快速完成流程图的设计制作。在默认情况下流程图元件被保存在"元件库"面板的下拉列表中，如图 4-155 所示。选择"Flow"（流程图）选项，即可将流程图元件显示出来，流程图元件如图 4-156 所示。

图 4-155 "元件库"面板的下拉列表

图 4-156 Flow（流程图）元件

Axure RP 互联网产品原型设计（Axure RP 10）（微课版）

微课 16

制作手机产业
流程图

课堂操作——制作手机产业流程图

步骤 01 将"矩形"流程图元件拖曳到页面中，设置其样式如图 4-157 所示。双击元件即可在元件上输入文本，效果如图 4-158 所示。

图 4-157 设置矩形样式

图 4-158 输入文本效果

步骤 02 按住【Ctrl】键拖曳复制多个矩形元件并修改文本内容，设置效果如图 4-159 所示。单击工具栏上的"绘制元件间的连接线"按钮，将鼠标指针移动到第一个矩形元件右侧，如图 4-160 所示。

图 4-159 设置效果

图 4-160 将鼠标指针移动到第一个矩形元件右侧

步骤 03 在"样式"面板中单击"圆角折线"按钮，设置连接线的折线样式，如图 4-161 所示。按住鼠标左键将其向下拖曳到底部矩形元件的右侧，松开鼠标左键，连接线效果如图 4-162 所示。

图 4-161 设置连接线折线样式

图 4-162 连接线效果

步骤 04 在连接线中间位置双击，输入图 4-163 所示的文本。使用相同的方法创建右侧连接线，如图 4-164 所示。

图 4-163　输入文本

图 4-164　创建右侧连接线

步骤 05 使用连接工具创建图 4-165 所示的连接线。在工具栏中设置箭头样式，效果如图 4-166 所示。

图 4-165　创建连接线

图 4-166　设置箭头样式效果

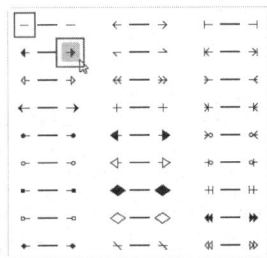

步骤 06 使用相同的方法创建其他连接线，选中连接线并设置连接线的线段类型为虚线，完成手机产业流程图，效果如图 4-167 所示。

图 4-167　手机产业流程图

4.2.7　图标元件

Axure RP 10 为用户提供了很多美观实用的图标元件，用户可以直接使用这些元件快速完成产品原型的设计制作。默认情况下图标元件被保存在"元件库"面板的下拉列表中，如图 4-168 所示。选择"Icons"（图标）选项，即可将图标元件显示出来，如图 4-169 所示。

图 4-168　"元件库"面板的下拉列表

图 4-169　图标元件

Axure RP 10 为用户提供了网页程序、可达性、手势、运输工具、性别、文件类型、加载中、表单控件、支付、图表、货币、文本编辑、方向、视频播放、品牌和医疗 16 种图标元件。

选中图标元件将其拖曳到页面中，如图 4-170 所示。用户可以修改图标元件的填充和边框样式，以实现更丰富的图标效果，如图 4-171 所示。

图 4-170　选中图标元件将其拖曳到页面中

图 4-171　修改图标元件的填充和边框样式

4.2.8　Sample UI Patterns

Sample UI Patterns 元件库为用户提供了一些常用且附带简单交互的元件，按照应用场景被分为容器、导航和内容，如图 4-172 所示。

将"加载中"元件拖曳到页面中，如图 4-173 所示。单击软件界面右上角的"预览"按钮，元件预览效果如图 4-174 所示。

图 4-172　Sample UI Patterns 元件库

图 4-173　"加载中"元件

图 4-174　预览效果

课堂操作——制作幻灯片效果

步骤 01 在"元件库"面板中选择 Sample UI Patterns 元件库，将"容器"分类下的"幻灯片"元件拖曳到页面中，如图 4-175 所示。双击该元件，单击顶部的"查看全部状态"选项，如图 4-176 所示。

微课 17　制作幻灯片效果

图 4-175　使用"幻灯片"元件

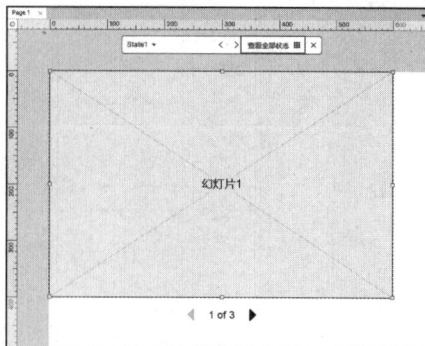

图 4-176　单击"查看全部状态"选项

步骤 02 将"图片"元件拖曳到"幻灯片 1"中并导入产品图片，效果如图 4-177 所示。继续使用相同的方法为其他两个幻灯片添加图片，效果如图 4-178 所示。

图 4-177 导入产品图片

图 4-178 为其他幻灯片添加产品图片

步骤 03 单击返回按钮 ←，元件效果如图 4-179 所示。单击软件界面右上角的"预览"按钮，"幻灯片"元件效果如图 4-180 所示。

图 4-179 "幻灯片"元件效果

图 4-180 预览效果

4.2.9 Sample Form Patterns

Sample Form Patterns 元件库为用户提供了一些常用且交互相对复杂一些的交互元件，按照应用场景被分为按钮、输入、其他和示例表单，如图 4-181 所示。

将"个人信息表单"元件拖曳到页面中，如图 4-182 所示。单击软件界面右上角的"预览"按钮，元件预览效果如图 4-183 所示。

图 4-181 Sample Form Patterns 元件库

图 4-182 "个人信息表单"元件

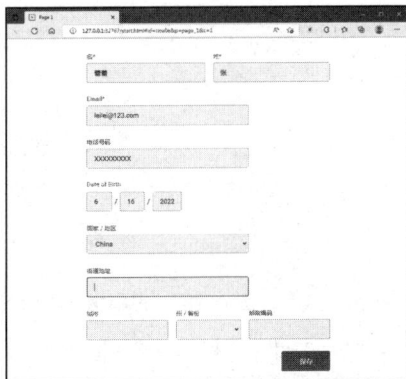

图 4-183 "个人信息表单"元件预览效果

4.3 使用钢笔工具

除了使用"元件库"面板中的元件，用户还可以使用绘画工具绘制任意形状的图形元件。单击工具栏上的"钢笔工具"按钮或者按快捷键【Ctrl+Shift+P】，如图4-184所示。在页面中单击即可开始绘制折线，如图4-185所示。

图 4-184　单击"钢笔工具"按钮　　　　　　　　图 4-185　绘制折线

将鼠标指针移动到页面另一处并单击，即可完成一段直线路径的绘制，如图4-186所示。将鼠标指针移动到页面另一处再按住鼠标左键拖曳，即可绘制一段曲线路径，如图4-187所示。

图 4-186　完成一段直线路径的绘制　　　　　　图 4-187　完成一段曲线路径的绘制

提示　绘制不封闭路径过程中，按键盘上的任意键将终止路径的绘制。

使用相同的方法依次绘制路径后，将鼠标指针移动到起始位置，如图4-188所示，单击即可封闭路径，完成图形元件的绘制，如图4-189所示。

图 4-188　鼠标指针移动到起始位置　　　　　　图 4-189　封闭路径完成图形绘制

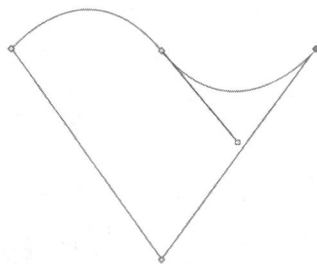

选中元件，右击，在弹出的快捷菜单中选择"变换形状 > 曲线化所有控制点"命令，如图4-190所示，即可将元件所有锚点转换为曲线锚点，转换效果如图4-191所示。

右击，在弹出的快捷菜单中选择"变换形状 > 锐化所有控制点"命令，即可将元件所有锚点转换为折线锚点。

图 4-190 曲线化所有控制点

图 4-191 转换效果

双击绘制的元件，进入编辑模式，将鼠标指针移动到曲线锚点上并双击，曲线锚点将转换为直线锚点，如图 4-192 所示。再次双击，直线锚点将转换为曲线锚点，如图 4-193 所示。

图 4-192 双击转换曲线锚点

图 4-193 双击转换直线锚点

4.4 元件的转换

为了实现更多的元件效果，便于原型的创建与编辑，Axure RP 10 允许用户将元件转换为其他形状和图片，并可以再次编辑。

4.4.1 转换为形状

将任意元件拖曳到页面中，如图 4-194 所示。在元件上右击，在弹出的快捷菜单中选择"选择形状"命令，弹出图 4-195 所示的面板。

图 4-194 将任意元件拖曳到页面中

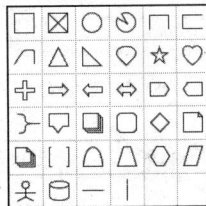

图 4-195 "选择形状"面板

选择任意一个形状图标，元件将自动转换为该形状，转换形状效果如图 4-196 所示。拖曳图形上的控制点，可以继续编辑形状，效果如图 4-197 所示。

图 4-196 转换形状效果

图 4-197 编辑形状效果

用户也可以单击工具栏上的"矩形"按钮右侧的下拉按钮，在弹出的下拉列表中选择"形状"选项，如图 4-198 所示。在弹出的形状面板中任意选择一个形状，在页面中拖曳，即可绘制一个任意尺寸的形状，如图 4-199 所示。

图 4-198　选择"形状"选项

图 4-199　绘制任意尺寸的形状

4.4.2　转换为图片

有时为了便于操作，需要将元件转换为图片元件。在元件上右击，在弹出的快捷菜单中选择"变换形状 > 转换为图片"命令，如图 4-200 所示，即可将当前元件转换为"图片"元件，效果如图 4-201 所示。

图 4-200　转换为图片

图 4-201　转换为"图片"元件的效果

提示　转换为图片的元件会失去其原有的属性，新元件将作为一个"图片"元件使用。

4.5　元件的编辑

Axure RP 10 提供的基本元件并不能满足用户所有的制作需求，通过对元件进行编辑的方法可以制作出更多符合产品原型项目要求的元件。

4.5.1　对齐 / 分布元件

在制作产品原型时，通常会需要多个对象参与制作。可以通过"对齐"/"分布"命令快速对齐和分布多个元件。

1. 对齐元件

选中两个及以上对象，执行"布局 > 对齐"命令，用户可根据需要在弹出的子菜单中选择不同的对齐方式，如图 4-202 所示。

图 4-202 "对齐"子菜单

- 左对齐 ▐：将所选对象以顶部对象为参照，全部左侧对齐，如图 4-203 所示。
- 垂直居中 ▐：将所选对象以顶部对象为参照，全部垂直中心对齐，如图 4-204 所示。
- 右对齐 ▐：将所选对象以顶部对象为参照，全部右侧对齐，如图 4-205 所示。

图 4-203 左对齐　　　　　图 4-204 垂直居中　　　　　图 4-205 右对齐

- 顶端对齐 ▐：将所选对象以左侧对象为参照，全部顶部对齐，如图 4-206 所示。
- 水平居中 ▐：将所选对象以左侧对象为参照，全部水平中心对齐，如图 4-207 所示。
- 底端对齐 ▐：将所选对象以左侧对象为参照，全部底部对齐，如图 4-208 所示。

图 4-206 顶端对齐　　　　　图 4-207 水平居中　　　　　图 4-208 底端对齐

提示　每一个对齐菜单命令后都有其对应的快捷键，用户只需按快捷键即可快速完成对齐操作。

2. 分布元件

选中 3 个及以上对象，执行"布局 > 分布"命令，用户可根据需要在弹出的子菜单中执行"水平分布"命令或者"垂直分布"命令，如图 4-209 所示。

- 水平分布 ▥：将选中的对象以左右两个对象为参照水平均匀排列，如图 4-210 所示。
- 垂直分布 ☰：将选中的对象以上下两个对象为参照垂直均匀排列，如图 4-211 所示。

图 4-209　分布命令

图 4-210　水平分布

图 4-211　垂直分布

除了可以执行"对齐"和"分布"命令完成元件的对齐和分布操作外，用户也可以单击"样式"面板顶部的对齐和分布按钮，快速完成对齐和分布元件的操作，如图 4-212 所示。

4.5.2　锁定元件

用户可以将元件锁定位置和尺寸，以避免一些误操作。执行"布局 > 锁定 > 锁定位置和尺寸"命令或者按快捷键【Ctrl+K】即可将当前选中元件锁定。锁定后的元件会显示红色边框，用户不能对其进行移动和修改尺寸的操作，如图 4-213 所示。

执行"布局 > 锁定 > 解锁位置和尺寸"命令或者按快捷键【Ctrl+Shift+K】即可解锁当前被锁定的元件，如图 4-214 所示。

图 4-212　对齐和分布按钮

图 4-213　锁定位置和尺寸

图 4-214　解锁位置和尺寸

提示　在元件上右击，用户可以在弹出的快捷菜单中选择"锁定 > 锁定位置和尺寸"命令或"锁定 > 解锁位置和尺寸"命令，完成锁定元件或解锁元件的操作。

4.5.3　元件的组合和结合

为了便于操作与管理，页面中功能相同的元件可以组合在一起。选中多个元件，如图 4-215 所示。单击工具栏上的"组合"按钮 ⬚ 或按快捷键【Ctrl+G】，也可右击，在弹出的快捷菜单中选择"组合"命令，将多个元件组合成一个元件，如图 4-216 所示。

图 4-215　选中多个元件

图 4-216　选择"组合"命令

> **提示**　组合后的元件将作为一个整体参与编辑操作。双击组合元件，可进入组合内部编辑修改单个元件。

单击工具栏上的"取消组合"按钮 ⬚ 或按快捷键【Ctrl+Shift+G】，也可右击，在弹出的快捷菜单中选择"取消组合"命令，取消元件的组合，每一个元件将作为单独的个体参与编辑操作。

一些特殊情况下，需要将相交元件的边框都显示出来，可以通过"组合"操作来完成。选择想要组合的元件，右击，在弹出的快捷菜单中选择"变换形状>组合"命令，将多个元件组合成一个元件，如图 4-217所示。

图 4-217　选择"组合"命令组合元件

> **提示**　组合后的元件将作为一个整体参与编辑操作。元件相交的位置将被自动添加锚点并显示边框效果。

在组合的元件上右击，在弹出的快捷菜单中选择"变换形状>分散"命令，即可取消组合。

4.5.4 编辑元件

Axure RP 10 为用户提供了更方便的编辑元件的方法。选中元件，单击工具栏上的"编辑控制点"按钮🔁或者按快捷键【Ctrl+Alt+P】，也可以双击元件的边框，进入编辑控制点模式，如图 4-218 所示。

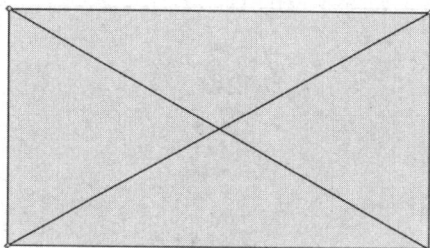

图 4-218　编辑控制点模式

直接拖曳锚点，即可调整元件的形状，如图 4-219 所示。将鼠标指针移动到元件边框上，单击一次即可添加一个锚点。多次添加锚点并调整，效果如图 4-220 所示。

图 4-219　调整元件的形状

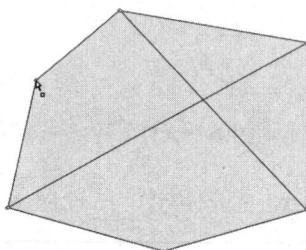

图 4-220　多次添加锚点并调整的效果

在锚点上右击，弹出图 4-221 所示的快捷菜单。用户可以将锚点之间的线段转换为曲线、折线，或者删除当前锚点。选择"曲线"命令后，锚点将变成曲线锚点，如图 4-222 所示。

图 4-221　快捷菜单

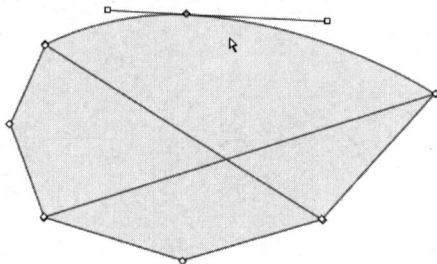

图 4-222　曲线锚点

选中任一锚点，用户可以在工具栏上选择"锐利"或"平滑"选项，设置锚点的不同类型，使路径在折线和曲线间转换，如图 4-223 所示。单击"开放路径"，即可将路径从当前锚点断开，按【Esc】键，路径将成为开放路径，如图 4-224 所示。

图 4-223　设置锚点类型

图 4-224　设置开放路径

曲线锚点由两条控制轴控制弧度，拖曳控制点可以同时调整两条控制轴，实现对曲线形状的改变，如
图 4-225 所示。按住【Ctrl】键的同时拖曳锚点，可以实现调整单条控制轴的操作，如图 4-226 所示。

图 4-225　同时调整两条控制轴

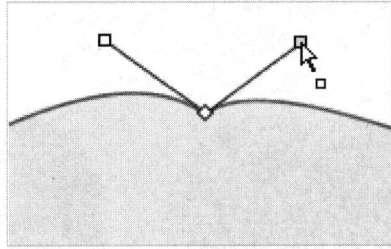

图 4-226　调整单条控制轴

4.5.5　元件的运算

对元件进行运算操作，可以获得更多图形效果。Axure RP 10 为用户提供了"合并""相减""相交""排
除"4 种运算操作。

1.　合并

选中两个及以上的元件，如图 4-227 所示。右击，在弹出的快捷菜单中选择"变换形状 > 合并"命
令或者按快捷键【Ctrl+Alt+U】，即可将所选元件合并成一个新的元件，如图 4-228 所示。

图 4-227　选中两个及以上的元件

图 4-228　合并元件

2.　相减

选中两个及以上的元件，右击，在弹出的快捷菜单中选择"变换形状 > 相减"命令，相减效果如
图 4-229 所示。

3.　相交

选中两个及以上的元件，右击，在弹出的快捷菜单中选择"变换形状 > 相交"命令，相交效果如
图 4-230 所示。

图 4-229　相减效果

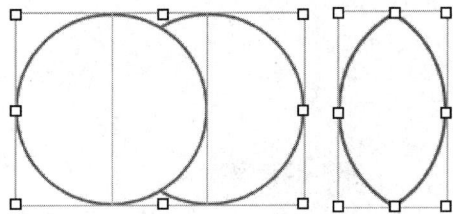

图 4-230　相交效果

4．排除

选中两个及以上的元件，右击，在弹出的快捷菜单中选择"变换形状 > 排除"命令，排除效果如图 4-231 所示。

除了执行快捷菜单命令完成元件的运算，用户还可以单击"样式"面板中的运算按钮完成元件的运算操作。选中两个及以上的元件后，"样式"面板中的运算按钮如图 4-232 所示。4 个按钮分别代表合并、相减、相交和排除 4 种运算操作。

图 4-231　排除效果

图 4-232　4 个运算按钮

课堂操作——制作 iOS 功能图标

微课 18

制作 iOS 功能图标

步骤 01　将"椭圆"元件拖曳到页面中，如图 4-233 所示。将矩形元件拖曳到页面中，在"样式"面板中修改其圆角半径，如图 4-234 所示。

图 4-233　创建"椭圆"元件

图 4-234　修改矩形元件圆角半径

步骤 02　按住【Ctrl】键的同时向上拖曳鼠标复制一个矩形元件，效果如图 4-235 所示。将圆形元件和下方的矩形元件同时选中，单击"样式"面板上的"合并"按钮，如图 4-236 所示。

图 4-235　复制元件

图 4-236　"合并"操作效果

步骤 03　将合并元件与上方的矩形元件同时选中，单击"样式"面板上的"相减"按钮，如图 4-237 所示。

步骤 04　将鼠标指针移动到元件控制点上，按住【Ctrl】键的同时拖曳旋转元件，如图 4-238 所示。

图 4-237 单击"相减"按钮

图 4-238 旋转元件

4.6 创建元件库

根据工作的需求，可能需要创建元件库。例如在与其他 UI 设计师合作某个项目时，为保证项目的一致性和完整性，设计师需要创建一个自己的元件库。

4.6.1 新建元件库

执行"文件 > 新建元件库"命令，如图 4-239 所示，即可打开新建元件库工作界面，如图 4-240 所示。

图 4-239 执行"新建元件库"命令

图 4-240 新建元件库工作界面

新建元件库的工作界面和项目文件的工作界面基本一致，区别在于以下几点。

● 新建元件库工作界面的顶部位置显示的是当前元件库的名称，而不是当前文件的名称，如图 4-241 所示。

图 4-241 显示当前元件库的名称

● "页面"面板变成"元件"面板，更方便新建与管理元件，如图 4-242 所示。
● "交互"面板中将显示新建元件的图标属性，如图 4-243 所示。用户可以为元件设置不同的尺寸以适用于不同屏幕尺寸的设备。

图 4-242 "页面"面板变成"元件"面板

图 4-243 "交互"面板

课堂操作——创建图标元件库

步骤 01 执行"文件＞新建元件库"命令，工作界面如图 4-244 所示。单击工具栏上的"矩形"按钮右侧的下拉按钮，在弹出的下拉列表中选择"图片"选项，将"素材 \ 第 4 章 \custom. png"图片插入页面，如图 4-245 所示。

图 4-244 工作界面

图 4-245 插入图片素材

步骤 02 在"元件"面板中修改元件名称为"铃声"，如图 4-246 所示。执行"文件＞保存"命令，将元件库以"self.rplib"为文件名进行保存，如图 4-247 所示。

图 4-246 修改元件名称

图 4-247 保存元件库

步骤 03 新建一个 Axure RP 10 文件，单击"元件库"面板上的"更多元件库选项"按钮，在弹出的下拉列表中选择"导入本地元件库"选项，如图 4-248 所示。在"打开"对话框中选择打开"self.rplib"文件，如图 4-249 所示。

图 4-248 "导入本地元件库"选项

图 4-249 打开"self.rplib"文件

步骤 04 "元件库"面板中将显示导入的元件库，如图 4-250 所示。选中"铃声"元件，将其拖曳到页面中，效果如图 4-251 所示。

图 4-250 导入的元件库

图 4-251 将"铃声"元件拖曳到页面中

4.6.2 编辑元件库

选择新建的元件库，单击"元件库"面板中搜索框右侧的"更多元件库选项"按钮 ，如图 4-252 所示，在弹出的下拉列表中选择"编辑元件库"选项，如图 4-253 所示。

图 4-252 单击"更多元件库选项"按钮

图 4-253 选择"编辑元件库"选项

单击"元件"面板上的"添加元件"按钮 ，添加一个名称为"美食"的元件，如图 4-254 所示。导入图片后，执行"文件 > 保存"命令，保存元件库文件，完成元件库的编辑，如图 4-255 所示。

图 4-254　添加元件

图 4-255　完成编辑

在弹出的下拉列表中选择"移除元件库"选项，可删除当前选中的元件库。

4.6.3　添加图片文件夹

在"元件库"面板"更多元件库选项"下拉列表中选择"导入图片文件夹"选项，如图 4-256 所示。在弹出的"选择文件夹"对话框中选择需要的文件夹，如图 4-257 所示。

单击"选择文件夹"按钮，即可将文件夹中的图片添加到"元件库"面板中，文件夹添加效果如图 4-258 所示。

图 4-256　选择"导入图片文件夹"选项

图 4-257　选择文件夹

图 4-258　文件夹添加效果

4.7　使用外部元件库

互联网上可以找到很多第三方元件库素材，Axure RP 10 允许用户载入并使用第三方元件库。

4.7.1　下载元件库

Axure 官方网站为用户准备了很多实用的元件库。单击"元件库"面板上的"更多元件库选项"按钮，在弹出的下拉列表中选择"浏览在线元件库"选项，如图 4-259 所示，即可弹出 Axure 官方网站页面，如图 4-260 所示。

图 4-259　选择"浏览在线元件库"选项

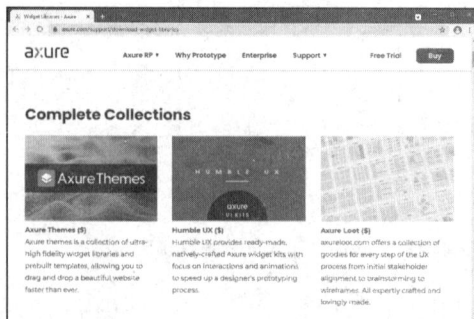

图 4-260　Axure 官方网站页面

在页面中选择并下载 iOS 元件库，下载后的元件库文件扩展名为 ".rplib"，如图 4-261 所示。

4.7.2 导入元件库

下载元件库文件后，单击 "元件库" 面板上的 "更多元件库选项" 按钮，在弹出的下拉列表中选择 "导入本地元件库" 选项，在弹出的 "打开" 对话框中选择下载的元件库文件，如图 4-262 所示。

单击 "打开" 按钮，"元件库" 面板效果如图 4-263 所示。将元件拖曳到页面中，如图 4-264 所示。

图 4-261　元件库文件

图 4-262　选择下载的元件库文件

图 4-263　"元件库" 面板效果

图 4-264　将元件拖曳到页面中

4.8　使用 "大纲" 面板

一个产品原型项目中通常会包含很多元件，元件之间会出现叠加或者遮盖，这就给用户的操作带来了麻烦。在 Axure RP 10 中，用户可以在 "大纲" 面板中管理元件，如图 4-265 所示。

"大纲" 面板中将显示当前页面中所有的元件，单击面板中的元件选项，页面中对应的元件会被选中；页面中的元件被选中后，面板中对应的选项也会被选中，如图 4-266 所示。

图 4-265 "大纲"面板

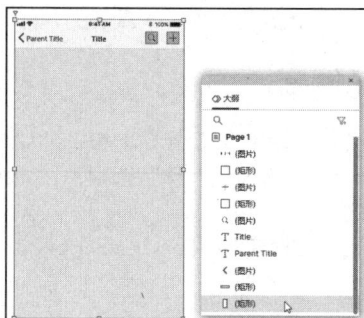

图 4-266 选中元件

单击面板右上角的"排序和过滤"按钮 ▽，弹出图 4-267 所示的下拉列表，用户可以根据需要选择显示的内容。用户可以在面板顶部的搜索文本框中输入想要查找的元件名，找到想找的对象，如图 4-268 所示。

图 4-267 下拉列表

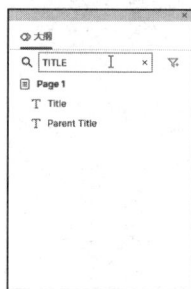

图 4-268 搜索元件

4.9 本章小结

　　元件是 Axure RP 10 制作互联网产品原型的最小单位。熟练使用元件和元件库有助于更快、更准确地完成互联网产品原型的制作。

　　本章主要讲解了 Axure RP 10 中元件和元件库的使用方法和技巧，并针对每一个默认元件进行了详细的讲解，帮助读者理解和使用。通过本章的学习，读者可以完成基本的页面制作和页面设置操作。同时本章讲解了自定义元件库和使用第三方元件库的方法。

素养拓展

● **本章根据读者的学习特点，采用基础知识 + 课程操作的方法讲解 Axure RP 10 中元件和元件库的相关知识。读者在学习的同时，能够通过丰富的色彩、图片、文字以及动态和技巧生动、直观、及时、准确地表达社会生活中的动态事迹，在情感上产生共鸣，提高发现问题的能力，激发探索解决问题的兴趣。**

4.10 课后练习——设计制作注册页原型

微课 20

设计制作注册
页原型

　　掌握 Axure RP 10 中元件和元件库的使用方法后，可以综合使用多个元件完成原型页面的制作。接下来将设计制作一个注册页的原型。

步骤 01 启动 Axure RP 10 软件，设置图 4-269 所示的页面尺寸。

步骤 02 将"图片"元件拖曳到页面中并导入背景素材图片，如图 4-270 所示。

图 4-269　设置页面尺寸

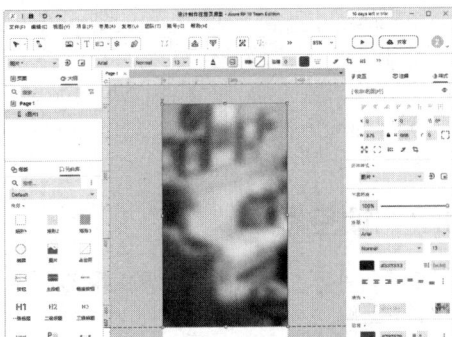

图 4-270　制作页面背景

步骤 03　使用标题元件和"文本标签"元件完成登录框的制作，如图 4-271 所示。

步骤 04　使用按钮元件制作发送按钮和提交按钮，使用"文本标签"元件完善页面，如图 4-272 所示。

图 4-271　制作登录框

图 4-272　制作按钮

4.11　课后测试

　　完成本章内容的学习后，通过几道课后习题检验读者对 Axure RP 10 相关知识的学习效果，同时加深读者对所学知识的理解。

4.11.1　选择题

1. 下列选项中不属于 Axure RP 10 元件种类的是（　　　）。
A. 基本元件
B. 表单元件
C. 交互元件
D. 标记元件

2. Axure RP 10 一共提供了（　　　）个常用元件。
A. 16
B. 18
C. 15
D. 22

3. 选择矩形元件，拖曳元件左上角的（　　　），可以将其更改为圆角矩形。
A. 矩形
B. 三角形
C. 正方形
D. 圆形

4. 下列选项中不属于元件运算的是（　　　　）。

A. 合并

B. 去除

C. 相交

D. 组合

4.11.2　填空题

1. 在"元件库"面板中选择要使用的元件，然后_____，将其_____，即可完成将当前元件添加到页面的操作。

2. Axure RP 10 一共提供了 3 个矩形元件，分别名为_____、_____和_____。

3. 在 Axure RP 10 中可以使用_____工具和_____工具对图片元件进行操作。

4. 双击"内联框架"元件，弹出_____对话框，用户可以在该对话框中选择链接项目中的_____和绝对地址的_____。

5. 表单元件主要包括_____、_____、_____、_____、_____和_____。

4.11.3　操作题

根据本章所学内容，设计制作登录页原型。

05

第5章

元件的样式和交互

　　设置元件的属性，可以将元件设置成符合页面要求的样式。这是完成高仿真原型的基础。页面交互和元件交互的应用，能够建立逼真的项目结构和完整的浏览流程，从而能帮助设计师和程序人员等理解项目内容。本章将对元件属性、样式的应用、页面交互和元件交互进行讲解。

知识目标

- 掌握设置元件属性的方法。
- 掌握创建并应用页面样式的方法。
- 掌握创建并应用元件样式的方法。
- 掌握交互面板的使用方法。
- 掌握为页面添加交互的方法。
- 掌握为元件添加交互的方法。

素养目标

- 具有爱岗敬业的工作态度，能够深入剖析产品需求，确保原型交互的准确性。
- 善于倾听他人的意见和建议，正确使用元件样式，以达到更好的设计效果。

5.1　设置元件的属性

　　用户可以在"样式"面板设置元件的各种属性，包括设置元件的基本属性、不透明度、填充、边框、阴影边距和排版。

5.1.1 基本属性

"样式"面板顶部可以设置元件名、显示 / 隐藏元件、对齐 / 分布元件、元件坐标和尺寸、旋转元件、圆角半径和适应文本属性。

1. 元件名

为了方便管理元件、区分元件以及在交互脚本中调用元件，通常会为页面中的元件设置一个名称。选中元件后，在"样式"面板顶部的文本框中单击即可为元件命名，如图 5-1 所示。

图 5-1 为元件命令

2. 显示 / 隐藏元件

选择元件，单击"样式"面板中或工具栏上的"隐藏元件"按钮 ◉ ，即可将选中的元件隐藏；隐藏后的元件将显示为黄色，如图 5-2 所示，"隐藏元件"按钮也将变成"显示元件"按钮 ◉ ，再次单击该按钮，即可显示该隐藏元件，如图 5-3 所示。

图 5-2 隐藏元件

图 5-3 显示隐藏元件

3. 对齐 / 分布元件

该功能与执行"布局 > 对齐"命令和"布局 > 分布"命令一致，已在本教材 4.5.1 小节中详细讲解，此处就不再赘述。

4. 元件坐标和尺寸

对元件的坐标和尺寸进行设置，可以准确地控制元件在页面中的位置和大小，如图 5-4 所示。

用户可以在 X 文本框和 Y 文本框中输入数值，确定元件的坐标值；在 W 文本框和 H 文本框中输入数值，控制元件的尺寸。单击"锁定宽高比"按钮 🔒 后，当修改 W 文本框或 H 文本框中的数值时，对应的 H 文本框或 W 文本框的数值将等比例改变。

5. 旋转元件

用户在"样式"面板或工具栏中的"旋转"文本框中输入数值，即可实现元件的精确旋转，如图 5-5 所示。

图 5-4 设置元件坐标和尺寸

图 5-5 设置旋转角度

链接 圆角半径设置和适应文本属性已在本教材第 4 章中讲解。

5.1.2 不透明度

用户可以拖曳"不透明度"选项的滑块或者在文本框中手动输入数值来修改元件的不透明度，以获得不同的元件效果，如图 5-6 所示。

图 5-6 不同不透明度的元件效果

提示 在此处设置不透明度，将同时影响元件的填充和边框效果，如果元件内有文字，则文字也将受到影响。如果需要将各部分分开设置，用户可以在拾色器面板中设置不透明度。

5.1.3 排版

除了双击元件为其添加文本以外，在元件上右击，在弹出的快捷菜单中选择"填充乱数假文"命令，也能完成文本的添加，如图 5-7 所示。填充文本效果如图 5-8 所示。双击文本或选择快捷菜单中的"编辑文本"命令，可以进入文本的编辑模式。

图 5-7 选择"填充乱数假文"命令

图 5-8 填充文本

Axure RP 10 提供了丰富的文本属性。在"样式"面板的"排版"选项组中，用户可以完成对文本的字体、字形、字号、颜色、行间距和字间距等的设置，如图 5-9 所示。

单击"Arial"，用户可以在弹出的"WEB 安全字体"下拉列表中选择字体，如图 5-10 所示。单击"Normal"，用户可以在弹出的下拉列表中选择适合的字形，如图 5-11 所示。

图 5-9 文本属性

图 5-10 选择字体

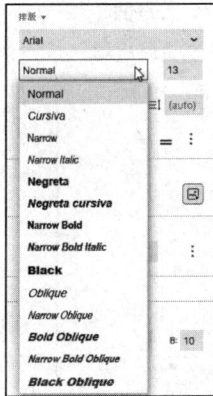

图 5-11 选择字形

用户可以在字号文本框中输入数值控制文本的字号大小，如图 5-12 所示。单击色块，可以在弹出的拾色器面板中设置文本的颜色，如图 5-13 所示。

图 5-12　设置文本字号大小

图 5-13　设置文本颜色

1．行间距

当使用文本"段落"元件时，可以设置行间距来控制段落显示的效果，行间距分别为 10 和 20 时的文本效果如图 5-14 所示。

图 5-14　设置不同行间距的文本效果

2．对齐

当使用标题元件、文本标签元件和文本段落元件时，可以单击"排版"选项组中的对齐按钮，将文本的水平对齐方式设置为左侧对齐、居中对齐、右侧对齐和两端对齐，如图 5-15 所示。文本的垂直对齐方式可以设置为顶部对齐、中部对齐和底部对齐，如图 5-16 所示。

图 5-15　水平对齐方式

图 5-16　垂直对齐方式

3．更多文本选项

单击"更多文本选项"按钮，弹出图 5-17 所示面板。用户可以在该面板中完成文本修饰、基线、字母大小写、字符间距和文本阴影的设置。

（1）文本修饰

单击"项目符号"按钮 ≡，会为段落文本添加项目符号。图 5-18 所示为添加项目符号的文本效果。

图 5-17　"更多文本选项"面板

图 5-18　添加项目符号的文本效果

单击"粗体"按钮 **B**，文本将加粗显示；单击"斜体"按钮 *I*，文本将倾斜显示；单击"下画线"按钮 **U**，文本将添加下画线效果；单击"删除线"按钮 **S**，文本将添加删除线效果，如图 5-19 所示。

粗体　　*斜体*　　下画线　　删除线

图 5-19　文本修饰效果

（2）基线

用户可以在"基线"下拉列表中选择"常规""上标""下标"选项，完成图 5-20 所示效果。

（3）字母大小写

用户可以在"字母大小写"下拉列表中选择选项，将元件中的英文字母显示为常规、大写或小写形式，如图 5-21 所示。

32^2　H_2O

常规
大写
小写

图 5-20　文本基线效果　　　　　　图 5-21　"字母大小写"下拉列表

（4）字符间距

当使用标题元件、文本标签元件和文本段落元件时，可以设置字符间距来使文本更美观，字符间距分别为 10 和 20 时的文本效果如图 5-22 所示。

一级标题　　一 级 标 题

图 5-22　设置不同字符间距的文本效果

（5）文本阴影

单击"文本阴影"按钮，在弹出的对话框中勾选"阴影"复选框，可为文本添加外部阴影，如图 5-23 所示。

文本阴影

☑　　　#9B840B

X　0　　模糊　2

Y　3

文本阴影

图 5-23　为文本添加外部阴影

5.1.4　填充

在 Axure RP 10 中，用户可以使用"颜色"和"图片"两种方式填充，如图 5-24 所示。单击"颜色"色块，弹出拾色器面板，如图 5-25 所示。

1. 颜色填充

Axure RP 10 一共提供了单色、线性和径向 3 种填充方式，用户可以在拾色器面板中选择不同的填充方式，如图 5-26 所示。

（1）单色

选择"单色"填充方式后，用户可以在拾色器面板中图 5-27 所示的位置设置颜色值，获得想要的颜色。用户可以输入 HEX 数值和 RGB 数值两种模式的颜色值设置填充颜色，也可以使用吸管工具吸取想要的颜色作为填充颜色。

用户可以单击拾色器面板的"色彩空间"或"颜色选择器"按钮，选择不同的方式填充颜色，如图 5-28 所示。

图 5-24　填充方式

图 5-25　拾色器面板

图 5-26　3 种填充方式

图 5-27　设置颜色值

图 5-28　选择不同的方式填充颜色

● 颜色不透明度

用户可以拖曳滑块或者在文本框中输入数值设置颜色的透明效果，如图 5-29 所示。滑块在最左侧或数值为 0% 时，填充颜色为完全透明；滑块在最右侧或数值为 100% 时，填充颜色为完全不透明。

图 5-29　设置颜色的透明效果

● 收藏

单击拾色器面板"收藏"下的"+"按钮，即可将当前所选元件的颜色收藏，如图 5-30 所示。在想要删除的收藏颜色上右击，选择"删除"命令，即可删除该收藏颜色，如图 5-31 所示。

图 5-30　收藏颜色

图 5-31　删除收藏颜色

● 最近使用

为了便于用户比较使用，拾色器面板"最近使用"下保留着用户最近使用的 16 种颜色，如图 5-32 所示。

● 建议

当用户选择一种颜色后，在拾色器面板"建议"下将会提供 8 种颜色供用户搭配使用，如图 5-33 所示。

图 5-32　最近使用的颜色

图 5-33　建议使用的颜色

（2）线性

当用户选择"线性"填充时，可以在拾色器面板顶部的渐变条上设置线性填充的效果，渐变条如图 5-34 所示。

图 5-34　渐变条

默认情况下，线性渐变有两种颜色，用户可以分别单击渐变条两侧的锚点，设置颜色调整渐变效果，如图 5-35 所示。用户也可以在渐变条的任意位置单击添加锚点设置颜色，实现更为丰富的线性渐变效果，如图 5-36 所示。

图 5-35　设置颜色调整渐变效果

图 5-36　添加线性渐变颜色

提示　在调整线性渐变颜色时，选中的锚点会在元件上显示为绿色，未被选中的锚点将显示为白色。

按住鼠标左键拖曳锚点，可以实现不同比例的线性渐变填充效果，如图 5-37 所示。

图 5-37　拖曳调整填充比例

单击选中渐变条中的锚点，按【Delete】键或者按住鼠标左键向下拖曳，即可删除该锚点。

单击右侧的"旋转"按钮，可以改变渐变方向，顺时针 90°、180° 和 270° 旋转时的线性填充效果如图 5-38 所示。

图 5-38　旋转线性填充效果

用户如果想要获得任意角度的线性渐变效果，可以直接单击并拖曳元件上的两个控制点，如图 5-39 所示。

（3）径向

当用户选择"径向"填充时，将实现从中心向外的填充效果，如图 5-40 所示。用户可以在拾色器面板顶部的渐变条上设置径向填充的效果，如图 5-41 所示。

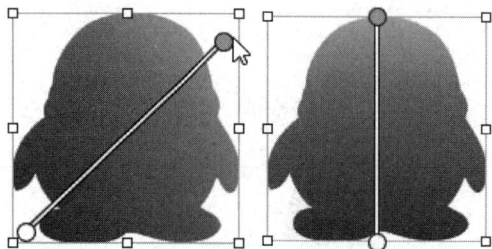

图 5-39　拖曳调整渐变角度　　　　　图 5-40　径向填充　　　图 5-41　设置填充效果

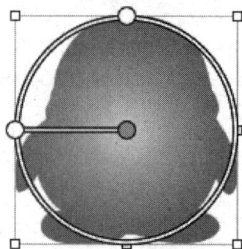

　　拖曳图 5-42 所示的锚点，可以放大或缩小径向渐变的范围。拖曳中心的锚点，能够调整径向渐变的中心点，如图 5-43 所示。拖曳图 5-44 所示锚点，调整变形，能够实现径向渐变变形的效果。

图 5-42　调整范围　　　　　图 5-43　调整中心点　　　　　图 5-44　调整变形

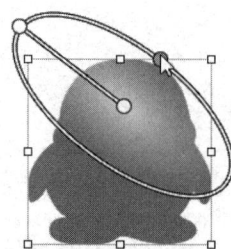

2. 图片填充

　　除了使用颜色填充元件，用户也可以使用图片填充元件。单击"设置图片"按钮，弹出图 5-45 所示的面板。选择图片，设置对齐和重复方式，即可完成图片的填充。图片填充效果如图 5-46 所示。

图 5-45　图片填充面板　　　　　　图 5-46　图片填充效果

> **提示**　颜色填充和图片填充可以同时应用到一个元件上，图片填充效果会覆盖颜色填充效果。当图片填充采用透底图片素材时，颜色填充才能显示出来。

> **链接**　关于图片填充的方法，在本书的 3.4.3 小节中有详细介绍，此处不再赘述。

5.1.5　边框

　　用户可以在"样式"面板"边框"选项组中设置边框的颜色和粗细，如图 5-47 所示。
　　选中元件，单击"颜色"色块，用户可以在弹出的拾色器面板中为边框指定单色或渐变颜色，如图 5-48 所示。边框粗细设置为 0 时，边框设置的颜色将不能显示。

图 5-47　设置边框属性　　　　　　　图 5-48　为边框指定单色或渐变颜色

单击"更多边框选项"按钮，用户可以在弹出的"边框选项"面板中设置边框的图案、箭头和可见性，如图 5-49 所示。

1. 图案

Axure RP 10 一共提供了包括"None"在内的 9 种边框图案供用户选择，如图 5-50 所示。选择元件，单击"图案"下拉按钮，在弹出的下拉列表中任意选择一种图案类型，如图 5-51 所示。

图 5-49　边框选项　　　　图 5-50　图案类型　　　　图 5-51　选择一种图案类型

2. 可见性

元件通常有 4 个边框，用户可以设置"可见性"，选择性地显示元件的边框，实现更丰富的元件效果。

课堂操作——实现下画线效果

微课 21
实现下画线效果

步骤 01　将"文本标签"元件拖曳到页面中，修改文本内容并排列整齐，设置元件左边距为 5，"文本标签"元件效果如图 5-52 所示。选中顶部文本标签，设置边框粗细为 2，颜色为红色，如图 5-53 所示。单击"更多边框选项"按钮，设置边框可见性，如图 5-54 所示。

图 5-52　"文本标签"元件效果　　　　图 5-53　设置边框颜色和粗细　　　　图 5-54　设置边框可见性

步骤 02　选中第 2 个文本标签，设置边框粗细为 1、颜色为黑色，设置可见性如图 5-55 所示，效果如图 5-56 所示。

图 5-55　设置可见性　　　　图 5-56　边框效果

步骤 03　使用相同的方法完成其他几个文本标签下画线的制作，如图 5-57 所示。拖曳调整每一个文本标签的长度，如图 5-58 所示。

图 5-57　完成其他文本标签下画线的制作　　　　图 5-58　调整文本标签长度

3. 箭头

用户在页面中使用"水平线"元件和"垂直线"元件创建的实例或者使用"钢笔"工具绘制的路径，都可以为其设置箭头样式。

单击"箭头"选项下的"选择样式"按钮，用户可以在弹出的面板中分别为路径线条的两端指定箭头样式，如图 5-59 所示。箭头的大小与边框粗细有关，设置箭头效果如图 5-60 所示。

图 5-59　箭头样式面板

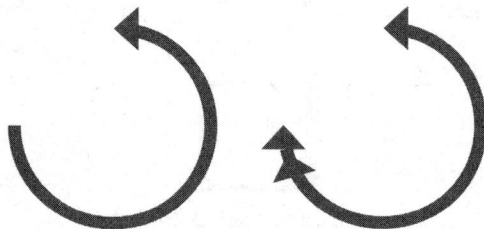

图 5-60　为路径线条指定箭头

5.1.6　阴影

Axure RP 10 为用户提供了"外阴影"和"内阴影"两种阴影属性。

1. 外阴影

勾选"阴影"选项组中的"启用"复选框，即可为选中元件增加外阴影效果，如图 5-61 所示。

用户可以设置外阴影的颜色、偏移和模糊属性。偏移值为正值时，阴影在元件的右侧；偏移值为负值时，阴影在元件的左侧。模糊值越高，阴影羽化效果越明显，添加外阴影效果如图 5-62 所示。

图 5-61　启用外阴影

图 5-62　外阴影效果

2. 内阴影

单击"内阴影选项"按钮，勾选弹出的"内阴影"面板中的"启用"复选框，即可为选中的元件增加内阴影效果，如图 5-63 所示。

用户可以设置内阴影的颜色、偏移、扩展和模糊属性，实现更多丰富的内阴影效果，可以设置扩展值，获得图 5-64 所示的内阴影效果。

图 5-63　启用内阴影

图 5-64　内阴影效果

5.1.7　边距

当用户在元件中输入文本时，为了获得好的视觉效果，Axure RP 10 会默认添加 2 像素的边距，如图 5-65 所示。修改"样式"面板中"边距"的数值，可以实现对文本边距的修改，如图 5-66 所示。

图 5-65　默认边距

图 5-66　设置边距数值

用户可以分别设置文本左侧、顶部、右侧和底部的边距，实现丰富的元件效果。

5.2　创建和管理样式

一个原型作品通常由很多页面组成，每个页面又由很多元件组成。逐个设置元件样式既费力又不便于修改。Axure RP 10 为用户提供了页面样式和元件样式，既方便用户快速添加样式又便于后期修改。

5.2.1　创建页面样式

在页面的空白处单击，"样式"面板中显示当前页面的样式为"Default"，如图 5-67 所示。单击"管理页面样式"按钮 🔲，在弹出的"页面样式管理"对话框中可以看到默认样式的各项参数，如图 5-68 所示。

图 5-67　默认页面样式

图 5-68　"页面样式管理"对话框

用户可以在该对话框中对页面的页面对齐、颜色、图片、图片对齐、重复和低保真度样式进行设置。

链接　关于页面样式的创建与使用，在本书 3.4.5 小节中有详细介绍。

5.2.2　创建元件样式

将"椭圆"元件拖曳到页面中，"样式"面板中显示其样式为"Ellipse"，如图 5-69 所示。单击"管理元件样式"按钮，弹出"元件样式管理"对话框，对话框左侧为 Axure RP 10 提供的默认元件样式，右侧是元件样式对应的样式属性，如图 5-70 所示。

图 5-69　"椭圆"元件样式

图 5-70　"元件样式管理"对话框

勾选"填充颜色"复选框，修改填充颜色为橙色，即可完成元件样式的编辑修改，如图 5-71 所示。单击"确定"按钮，"椭圆"元件将变成橙色，样式修改效果如图 5-72 所示。

图 5-71　修改填充颜色

图 5-72　样式修改效果

课堂操作——创建并应用文本样式

步骤 01 使用元件制作图 5-73 所示的页面效果。选中任一元件，单击工具栏左侧的"管理元件样式"按钮，单击弹出的"元件样式管理"对话框顶部的"新建"按钮，新建一个元件样式，如图 5-74 所示。

设计师信息

姓名：

简介：

图 5-73　使用元件创建页面效果

图 5-74　"元件样式管理"对话框

步骤 02 修改样式名称为"标题文字 16"，在对话框右侧设置样式各项参数，如图 5-75 所示。单击顶部的"复制"按钮，复制"标题文字 16"样式并将新样式名称修改为"标题文字 14"，再设置其各项参数如图 5-76 所示。

步骤 03 单击顶部的"添加"按钮，新建一个名称为"正文 12"的样式并设置其样式参数，如图 5-77 所示。单击"确定"按钮，完成样式的设置。

步骤 04 分别对 3 个元件应用 3 个新建样式，应用样式效果如图 5-78 所示。拖曳调整"文本标签"元件边框，效果如图 5-79 所示。

图 5-75 设置样式参数

图 5-76 复制元件样式

图 5-77 新建元件样式

图 5-78 元件应用样式

图 5-79 调整元件边框

标题元件和文本元件应用新样式后，"样式"面板中样式名称后会出现一个 "*"，如图 5-80 所示。单击工具栏左侧 "更新或创建样式" 按钮 ，在弹出的下拉列表中选择 "Update Style"（更新样式）选项，如图 5-81 所示，即可将原文本元件样式替换为新样式，同时 "*" 也会消失，如图 5-82 所示。

图 5-80 为元件应用新样式

图 5-81 更新样式

图 5-82 替换为新样式

提示 用户可以执行 "项目 > 元件样式管理" 命令或 "项目 > 页面样式管理" 命令打开 "元件样式管理器" 对话框或 "页面样式管理器" 对话框。

5.2.3 编辑样式

样式创建完成后，如果需要修改样式，可以单击"管理元件样式"按钮，在"元件样式管理"对话框中编辑样式，如图 5–83 所示。

● 添加：单击该选项，将新建一个样式。
● 复制：单击该选项，将复制选中的样式。
● 上移 / 下移：单击该选项，所选样式将向上或向下移动一级。
● 删除：单击该选项，将删除选中的样式。
● 从选中的元件复制样式属性：单击该按钮，将复制当前选中元件的样式属性到内存中；选择另一个样式并再次单击该按钮，将会使用复制的属性替换该样式的属性。

图 5–83 "元件样式管理"对话框

> **提示** 一个样式可能被同时应用在多个元件上，当修改了该样式的属性后，应用了该样式的元件将同时发生变化。

5.2.4 格式刷

格式刷的主要功能是将元件样式或修改后的元件样式快速应用到其他元件上。执行"编辑 > 格式刷"命令，弹出"格式刷"对话框，如图 5–84 所示。

使用"图片"元件和按钮元件制作图 5–85 所示的原型，选中第一个按钮，为其设置样式，如图 5–86 所示。执行"编辑 > 格式刷"命令，弹出"格式刷"对话框，选择第二个按钮，单击该对话框底部的"应用"按钮，即可将第一个按钮的样式应用到第二个按钮上，效果如图 5–87 所示。

图 5–84 "格式刷"对话框

图 5–85 制作原型

图 5-86　设置样式

图 5-87　应用按钮样式

提示　用户还可以使用"格式刷"命令快速为个别元件应用特殊的样式。需要注意的是，无论是定义的样式还是格式刷样式，通常都只能应用到一个完整的元件上，不能只应用到元件的局部。

5.3　了解"交互"面板

　　按照应用对象的不同，Axure RP 10 中的交互可以分为页面交互和元件交互两种。在未选中任何元件的情况下，用户可以在"交互"面板中添加页面的交互效果，如图 5-88 所示。

　　选择一个元件，用户可以在"交互"面板中为其添加交互效果，如图 5-89 所示。为了便于在添加交互效果的过程中管理元件，用户应在"交互"面板顶部为元件设置名称，如图 5-90 所示。

提示　用户在"交互"面板中为元件设置名称后，"样式"面板顶部也将显示该元件名称。同样，在"样式"面板中设置的元件名称也将显示在"交互"面板中。

　　单击"新增交互"按钮，用户可以在弹出的下拉列表中为页面或者元件选择交互触发的事件，如图 5-91 所示。单击"交互"面板上的"交互编辑器"按钮 ，弹出"交互编辑器"对话框，如图 5-92 所示。Axure RP 10 中的所有交互操作都可以在该对话框中完成。

图 5-88　添加页面的交互效果

图 5-89　添加元件的交互效果

图 5-90　为元件设置名称

图 5-91 选择交互触发的事件

图 5-92 "交互编辑器"对话框

元件"交互"面板底部有两种常用交互按钮，如图 5-93 所示。单击其中一个按钮即可快速完成元件交互的制作，如图 5-94 所示。

图 5-93 常用交互按钮

图 5-94 制作元件交互

5.4 添加页面交互

将页面想象成舞台，页面交互事件就是在幕布拉开的时刻向用户呈现的效果。需要注意的是，在原型中创建的交互命令由浏览器来执行，也就是说页面交互效果需要"预览"才能看到。

在页面中空白位置单击，单击"交互"面板中的"新增交互"按钮或者打开"交互编辑器"对话框，可以看到页面触发事件如图 5-95 所示。

触发事件可以理解为产生交互的条件，例如当页面载入时将会如何，当窗口滚动时将会如何等。而将会发生的事情就是交互事件的动作。

单击"页面 载入"事件，"交互"面板将自动弹出添加动作列表，如图 5-96 所示。"交互编辑器"对话框中将把触发事件添加到"组织交互"工作区并自动激活"添加动作"选项，如图 5-97 所示。

页面交互链接动作包括打开链接、关闭窗口、在框架内打开链接和滚动到元件（锚链接）4 个动作，下面逐一进行讲解。

图 5-95 页面触发事件

图 5-96 "交互"面板

图 5-97 "交互编辑器"对话框

5.4.1 打开链接

选择"打开链接"动作后，用户将继续设置动作、设置链接页面和链接打开窗口，如图5-98所示。

图 5-98 设置动作

单击"选择页面"，用户可以在弹出的下拉列表中选择打开项目页面、链接到外部URL、重新载入当前页面和返回上一页4种选项，如图5-99所示。

单击"Page 1"，用户可以在弹出的下拉列表中选择使用当前窗口、新窗口/标签页、弹窗或父窗口打开页面，如图5-100所示。

图 5-99 选择页面

图 5-100 打开页面

课堂操作——打开页面链接

微课 23

打开页面链接

步骤 01 新建一个 Axure RP 10 文件。单击"交互"面板上的"新增交互"按钮，在弹出的下拉列表中选择"页面 载入"事件，如图 5-101 所示。在弹出的下拉列表中选择"打开链接"动作，如图 5-102 所示。

图 5-101　选择"页面 载入"事件　　　图 5-102　选择"打开链接"动作

步骤 02 选择"链接到外部 URL"选项，如图 5-103 所示。在文本框中输入图 5-104 所示的 URL。

图 5-103　选择"链接到外部 URL"选项　　　图 5-104　输入 URL

步骤 03 在"更多选项"选项组中设置"打开于"为"弹窗"，如图 5-105 所示，单击"完成"按钮。单击"预览"按钮，页面载入时弹出窗口效果如图 5-106 所示。

图 5-105　设置"打开于"　　　　　　图 5-106　弹出窗口效果

5.4.2　关闭窗口

选择"关闭窗口"动作，将实现在浏览器打开时自动关闭当前浏览器窗口的操作，如图 5-107 所示。

图 5-107　选择"关闭窗口"动作

5.4.3　在框架内打开链接

使用"内联框架"元件可以实现多个子页面显示在同一个页面的效果。选择"在框架内打开链接"动作后，将打开图 5-108 所示的面板。设置面板中的参数可以实现更改框架链接页面的操作。用户可以用"内联框架"和"父框架"设置链接页面，如图 5-109 所示。

"内联框架"指当前页面中使用的框架。"父框架"指两个以上的框架嵌套，也就是当一个打开的页面中使用了框架，打开的页面称为父框架。

图 5-108　打开面板

图 5-109　设置链接页面

链接　关于"内联框架"元件的使用方法，在本书 4.2.2 小节中有详细介绍。

5.4.4　滚动到元件（锚链接）

滚动到元件（锚链接）指的是当页面打开时，将自动滚动到页面中指定位置。这个动作可以用来制作类似"返回顶部"等效果。

用户首先要指定滚动到哪个元件，如图 5-110 所示。然后设置滚动的方向为"水平""垂直""垂直和水平"其中一种，如图 5-111 所示。在"动画"下拉列表中可以选择一种动画方式，如图 5-112 所示。

选择一种动画方式，可以在文本框中设置动画的持续时间，单位为"毫秒"，如图 5-113 所示。单击"确定"按钮，即可完成滚动到元件的交互效果。

图 5-110　指定滚动元件　　图 5-111　设置滚动方向　　图 5-112　设置动画方式　　图 5-113　设置动画的持续时间

> **提示**　页面滚动的位置受页面长度的影响，如果页面不够长，则底部的对象无法实现滚动效果。

5.5　添加元件交互

选中页面中的元件后，单击"交互"面板中的"新增交互"按钮或者打开"交互编辑器"对话框，可以看到元件交互触发事件，如图 5-114 所示。

图 5-114　元件交互触发事件

元件触发事件有鼠标、键盘和形状 3 种，用户使用鼠标操作、按住或松开键盘上的按键、元件本身发生变化，都可以实现不同的动作，如图 5-115 所示。

图 5-115　元件触发事件

任意选择一种触发事件后，用户可以在"交互"面板或"交互编辑器"对话框中添加动作，如图 5-116 所示。

Axure RP 10 提供了显示 / 隐藏、设置动态面板状态、设置文本、设置图片、设置选中、设置选中下拉列表选项、设置错误状态、启用 / 禁用、移动、旋转、设置尺寸、置顶 / 置底、设置不透明度、获取焦点和展开 / 折叠树节点 15 种元件动作供用户使用，接下来逐一进行讲解。

图 5-116　添加动作

5.5.1　显示/隐藏

单击"交互编辑器"对话框左侧的"显示/隐藏"动作，在弹出的面板中选择应用该动作的元件，如图 5-117 所示。如果没有在弹出的面板中选择元件，用户也可以在右侧"目标"下拉列表中选择要应用的元件，如图 5-118 所示。

图 5-117　选择应用动作的元件

图 5-118　选择要应用的元件

> **提示**　由此可见，当页面中包含多个相同元件时，为每个元件设置不同的名称是非常有必要的。

用户可以在"交互编辑器"对话框右侧"配置动作"选项组中设置显示/隐藏元件的目标、动画以及更多选项，如图 5-119 所示。

1. 显示

单击"显示"按钮，可将元件设置为显示状态。用户可以在"动画"下拉列表中选择一种动画形式，并在时间文本框中输入动画持续的时间，如图 5-120 所示。

图 5-119　设置动作

图 5-120　设置动画选项

在"更多选项"选项组中可以选择更多的"SPECIAL BEHAVIOR"（特殊动作）动画形式，如图 5-121 所示。

- 设为弹窗遮罩：允许用户设置一个背景色，实现类似灯箱的效果。
- 设为弹出：选中此选项，将自动结束触发时间。
- 向下推动元件：将触发事件的元件向下方推动。
- 向右推动元件：将触发事件的元件向右方推动。

勾选"将目标元件置顶"复选框，动画效果将出现在所有对象上方，能避免动画效果被其他元件遮挡而导致看不到完整动画效果，如图 5-122 所示。

图 5-121　选择更多特殊动作

图 5-122　将目标元件置顶

2. 隐藏

单击"隐藏"按钮，可以将元件设置为隐藏状态。还可以设置隐藏动画效果和持续时间，如图 5-123 所示。"SPECIAL BEHAVIOV"（特殊动作）下拉列表中的选项，可以实现元件向一个方向隐藏的动画效果，如图 5-124 所示。

图 5-123　设置隐藏动画和持续时间

图 5-124　选择特殊动作动画

3. 切换

要实现"切换"可见性，需要使用两个以上的元件。用户可以分别设置显示动画和隐藏动画，其他设置与"隐藏"状态相同，此处不再一一介绍。

课堂操作——设计制作显示/隐藏图片

步骤 01　新建一个 Axure RP 10 文件。将"主按钮"元件拖曳到页面中并修改文本内容，如图 5-125 所示。使用矩形元件和文本元件创建图 5-126 所示的效果，单击工具栏上的"组合"按钮，将多个元件组合。

步骤 02　在"样式"面板中分别设置两个元件的名称为"提交"和"菜单"，如图 5-127 所示。单击"样式"面板上的"隐藏"按钮，将"菜单"元件隐藏，如图 5-128 所示。

微课 24

设计制作显示/隐藏图片

图 5-125　拖曳元件并修改文本内容

图 5-126　组合元件

图 5-127　为元件设置名称

图 5-128　隐藏元件

步骤 03 选中"提交"元件，在"交互编辑器"对话框中添加"单击"事件，选择"显示/隐藏"动作，设置动作如图 5-129 所示。

步骤 04 单击"新增交互"按钮，添加"鼠标移出"事件，选择"显示/隐藏"动作，设置动作如图 5-130 所示。单击"确定"按钮完成交互制作。单击"预览"按钮，预览效果如图 5-131 所示。

图 5-129　设置动作（1）　　图 5-130　设置动作（2）　　图 5-131　预览效果

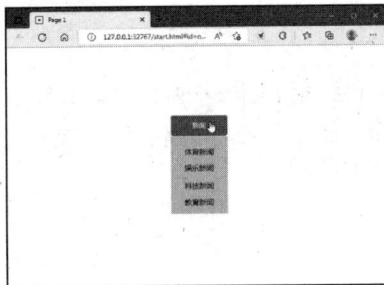

5.5.2　设置动态面板状态

该动作主要针对"动态面板"元件。将"元件"面板中的"动态面板"元件拖曳到页面中，单击"交互"面板上的"新增交互"按钮或者在"交互编辑器"对话框中选择"鼠标移入"事件，单击添加"设置动态面板状态"动作，设置好各项参数后，即可完成交互效果的制作，如图 5-132 所示。

图 5-132　设置动态面板状态

> **链接**　关于"动态面板"的使用方法，在本书第 6 章中有详细介绍。

5.5.3　设置文本

"设置文本"动作可以实现为元件添加文本或修改元件文本内容的交互效果，下面通过一个案例详细讲解。

课堂操作——为元件添加文本

步骤 01 新建一个 Axure RP 10 文件。将"矩形 1"元件拖曳到页面中，如图 5-133 所示。在"样式"面板中设置其元件名为"文本框"，如图 5-134 所示。

步骤 02 在"交互编辑器"对话框中添加"鼠标移入"事件后，添加"设置文本"动作，选择"文本框"元件，如图 5-135 所示。设置"值"为"此处显示正文内容"，如图 5-136 所示。

微课 25

为元件添加文本

图 5-133　拖曳元件　　　图 5-134　设置元件名　　　图 5-135　添加"设置文本"动作　　　图 5-136　设置元件值

步骤 03 单击"确定"按钮即可为元件添加交互效果，如图 5-137 所示。单击"预览"按钮，预览效果如图 5-138 所示。

图 5-137　为元件添加交互效果

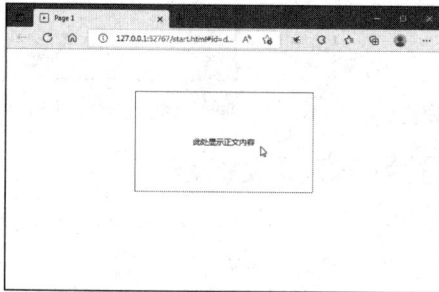

图 5-138　预览效果

5.5.4　设置图片

"设置图片"动作可以为图片指定不同状态的显示效果，下面通过一个案例进行讲解。

课堂操作——制作按钮交互状态

步骤 01 新建一个 Axure RP 10 元件。将"图片"元件拖曳到页面中，设置其元件名为"提交"，如图 5-139 所示。在"交互编辑器"对话框中添加"载入"事件，添加"设置图片"动作，选择"提交"元件，如图 5-140 所示。

图 5-139　设置元件名为"提交"

图 5-140　添加事件和动作

步骤 02 单击"设置常规状态图片"选项组中的"选择"按钮，添加常规图片，如图 5-141 所示。继续使用相同的方法设置鼠标经过状态图片和鼠标按下状态图片，如图 5-142 所示。

步骤 03 单击"确定"按钮，完成元件交互效果的制作。单击"预览"按钮，预览效果如图 5-143 所示。

微课 26

制作按钮交互状态

图 5-141　添加常规图片

图 5-142　添加其他图片

图 5-143　预览效果

5.5.5　设置选中

使用该动作可以设置元件是否为选中状态，其通常是为了配合其他事件而设置的状态。"设置"下拉列表中有"值""变量值""选中状态""元件禁用状态"4 个选项，如图 5-144 所示。

要想使用该动作，元件本身必须具有选中选项或使用了"设置图片"等动作。例如为一个按钮元件设置选中动作，则该元件在预览时将显示为选中状态。

图 5-144　设置选中动作

5.5.6　设置选中下拉列表选项

该动作主要被应用于"下拉框"元件和"列表框"元件。用户可以通过"设置选中下拉列表选项"动作，来设置当单击列表元件时，列表中的哪个选项被选中。

5.5.7　设置错误状态

该动作为 Axure RP 10 新增功能。用户可以使用该动作为元件设置一个错误状态。用户可以为这个错误状态设置样式，也可以设置错误状态触发其他的动作。

课堂操作——制作用户名输入错误提示

步骤 01　单击工具栏上的"文本框"按钮，在页面中拖曳绘制一个文本框，如图 5-145 所示。在"交互"面板中设置其"提示文本"和"隐藏时机"，如图 5-146 所示。

图 5-145　绘制文本框

图 5-146　设置文本框参数

步骤 02　在"样式"面板中设置其圆角半径为 20，文本大小为 30，左边距为 20，文本框效果如图 5-147 所示。将"一级标题"元件拖曳到页面中，调整其大小和位置并输入图 5-148 所示的文本。单击选项栏上的"隐藏元件"按钮将文字隐藏，如图 5-149 所示。

请输入用户名 请输入用户名 说明文字

图 5-147 文本框效果　　　　图 5-148 标题文字效果　　　　图 5-149 隐藏文字标题

步骤 03 选中"文本框"元件，单击"交互"面板上的"新增交互"按钮，在弹出的下拉列表中选择"失去焦点"选项，再选择"设置错误状态"选项，选择目标为当前文本框，如图 5-150 所示。

步骤 04 单击"失去焦点"后的"启用用例"按钮 启用用例，再单击 Case 1 后的"Add condition"按钮，在弹出的"条件编辑"对话框中单击"添加条件"按钮，如图 5-151 所示，为动作添加一个"如果文本框为空"的条件。

图 5-150 设置错误状态　　　　　　图 5-151 添加文本框为空的条件

步骤 05 再次单击"添加条件"按钮，为动作添加一个"如果文本框中包含 - 符号"的条件，如图 5-152 所示。单击 Case 2 底部的"+"按钮，添加"设置错误状态"动作，"交互"面板如图 5-153 所示。

图 5-152 添加文本框有特殊符号条件

图 5-153 添加设置错误状态

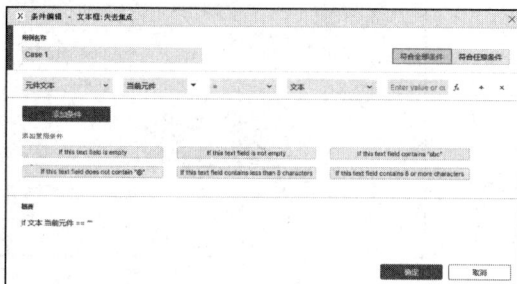

步骤 06 单击"交互"面板下方的"添加样式效果"，在弹出的下拉列表中选择"错误样式"选项，设置"线段颜色"为红色，如图 5-154 所示。

步骤 07 单击"新增交互"按钮，选择"错误状态设置"动作，继续选择"显示 / 隐藏"动作并选择"说明文字"元件，设置其状态为"显示"，如图 5-155 所示。

图 5-154 设置错误样式

图 5-155 设置显示元件

步骤 08 单击 Case 1 底部的"+"按钮，添加"设置文本"动作，选择"说明文字"并设置"值"，如图 5-156 所示。用同样的方式为 Case 2 添加图 5-157 所示的动作。

步骤 09 单击"失去焦点"右侧的"Add Case"按钮，直接单击"确定"按钮，单击 Case 3 底部的"+"按钮，选择"设置错误状态"选项，再选择文本框并设置"移除错误状态"，如图 5-158 所示。

图 5-156　为 Case 1 设置文本　　　图 5-157　为 Case 2 设置文本　　　图 5-158　设置移除错误状态

步骤 10 单击"新增交互"按钮，选择"错误状态移除"选项，再选择"显示 / 隐藏"动作，并设置"说明文字"状态为"隐藏"，如图 5-159 所示。单击"预览"按钮，预览页面效果，如图 5-160 所示。

图 5-159　设置隐藏文本　　　　　　　　　图 5-160　预览页面效果

5.5.8　启用 / 禁用

用户可以使用该动作设置元件的使用状态为启用或禁用，也可以设置当满足某种条件时，元件被启用或禁用。该动作通常配合其他动作使用。

5.5.9　移动

使用"移动"动作可以实现元件移动的效果，下面通过一个案例详细讲解。

课堂操作——设计制作切换案例

步骤 01 使用"矩形 2"元件和"主按钮"元件创建图 5-161 所示的页面效果。选择"主按钮"元件，为其添加"单击"事件，如图 5-162 所示。

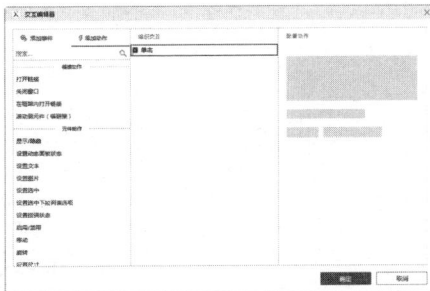

图 5-161　页面效果　　　　　　　　　　　图 5-162　添加"单击"事件

步骤 02 单击"移动"动作，勾选"矩形 2"复选框，设置移动动作参数如图 5-163 所示。单击"确定"按钮，预览效果如图 5-164 所示。

图 5-163　设置移动动作参数

图 5-164　预览效果

用户可以选择设置"移动"方式为"经过"或"到达"，在文本框中输入移动的坐标位置。选择图 5-165 所示的动画效果，在时间文本框中输入持续时间即可。

打开"轨道"下拉列表，有 3 种移动轨道可供选择，如图 5-166 所示。可以为"移动范围限制"动作设置边界，控制元件移动的界限，如图 5-167 所示。

图 5-165　设置动画效果

图 5-166　设置移动轨道

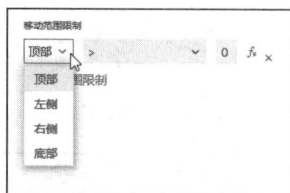

图 5-167　设置边界

5.5.10　旋转

该动作可以实现元件旋转效果。用户可以在"配置动作"选项组中设置元件旋转的方向、角度、动画、中心、锚点和锚点偏移等参数，如图 5-168 所示。

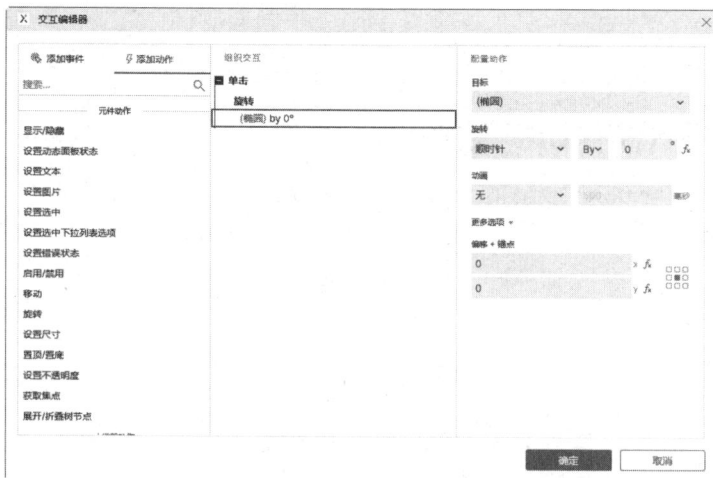

图 5-168　设置旋转动作

5.5.11　设置尺寸

使用"设置尺寸"动作可以为元件设置一个新的尺寸。用户可以在尺寸的文本框中输入当前元件的尺寸。单击"锚点"选择不同的中心点，锚点不同，动画的效果也会不同。设置尺寸和锚点如图 5-169 所示。

在"动画"下拉列表中选择不同的动画形式，如图 5-170 所示。在时间文本框中输入动画持续的时间。

图 5-169　设置尺寸和锚点

图 5-170　选择动画形式

5.5.12　置顶 / 置底

使用"置顶 / 置底"动作，可以实现当满足条件时，将元件置于所有对象的顶层或底层。添加该动作后，用户可以在"配置动作"选项组中设置将元件置于顶层或底层，如图 5-171 所示。

5.5.13　设置不透明度

使用"设置不透明度"动作可以实现当满足条件时，为元件指定不同的不透明度效果。添加该动作后，用户可以在"配置动作"选项组中设置元件的不透明度，如图 5-172 所示。

图 5-171　设置元件置于顶层 / 底层

图 5-172　设置不透明度

5.5.14　获取焦点

"获取焦点"指的是一个元件被单击的瞬间。例如用户在"文本框"元件上单击，然后输入文字。这个单击的动作，就是获取了该文本框的焦点。该动作只对"表单元件"起作用。

将"文本框"元件拖曳到页面中，在"交互"面板的"提示文本"文本框中输入提示文字，如图 5-173 所示。选择按钮元件，添加"单击时"事件，添加"获取焦点"动作，选择"文本框"元件并勾选"选中文本框或文本域中的文本"复选框，如图 5-174 所示。

单击"确定"按钮，完成交互效果的制作。单击"预览"按钮，预览效果如图 5-175 所示。

图 5-173　输入提示文字

图 5-174　设置动作

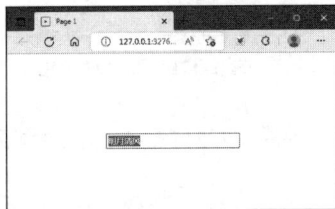

图 5-175　预览效果

5.5.15 展开/折叠树节点

该动作主要被应用于"树"元件，为元件添加动作，可以实现展开或折叠树节点的操作，如图5-176所示。

图5-176 选择树节点设置展开或折叠

5.6 交互样式设置

用户可以通过设置交互样式，快速为元件制作精美的交互效果。交互样式设置的事件只有6种，分别是鼠标经过、鼠标按下、选中、禁用、获取焦点和错误。

选中元件，右击，在弹出的快捷菜单中选择"样式效果"命令，如图5-177所示。用户可以在弹出的"样式效果"对话框中完成交互样式的设置，如图5-178所示。

图5-177 选择"样式效果"命令

图5-178 "样式效果"对话框

选中元件，单击"交互"面板底部的"添加样式效果"，如图5-179所示，在弹出的下拉列表中选择想要添加的交互样式，如图5-180所示。用户可以快速对交互样式进行设置，如图5-181所示。

图5-179 添加样式效果

图5-180 选择添加交互样式

图5-181 设置交互样式

链接 关于"样式"的使用与设置，在本书5.1节和5.2节中有详细介绍。

5.7 本章小结

　　本章对元件样式的设置与管理进行了讲解，能帮助读者掌握 Axure RP 10 中元件的属性设置方法和技巧，同时能帮助读者掌握页面样式和元件样式的创建、管理与使用方法。另外本章内容还能帮助读者掌握为页面和元件添加交互效果的事件和动作的方法。

素养拓展

● 本章通过基础知识与课程操作相结合的方法讲解互联网产品原型设计制作过程中的元件样式和交互的相关知识。在学习过程中，读者应善于倾听他人的意见和建议，能够根据互联网产品的制作需求完成原型的制作，并解决原型制作过程中的各种问题。

5.8 课后练习——设计制作按钮交互样式

微课 29

设计制作按钮
交互样式

　　掌握 Axure RP 10 中元件样式和交互效果的设置方法后，读者应多次练习加深对相关知识点的理解。接下来通过设计制作按钮交互样式的案例，进一步讲解交互样式设置的知识点。

步骤 01 将"矩形 2"元件拖曳到页面中并设置样式如图 5-182 所示。

步骤 02 在"交互"面板底部添加"鼠标经过样式"并设置参数如图 5-183 所示。

图 5-182　使用矩形元件

图 5-183　设置"鼠标经过样式"参数

步骤 03 添加"鼠标按下样式"并设置参数如图 5-184 所示。

步骤 04 单击"完成"按钮，完成设置。单击"预览"按钮，预览交互效果如图 5-185 所示。

图 5-184　设置"鼠标按下样式"参数

图 5-185　预览交互效果

5.9 课后测试

　　完成本章内容的学习后，通过几道课后习题检验读者对 Axure RP 10 元件的样式和交互的相关知识的学习效果，同时加深读者对所学知识的理解。

5.9.1 选择题

1. 在设置元件圆角属性时，下列选项中不能设置的选项是（　　　）。
A. 半径
B. 可见性
C. 显示 / 隐藏圆角
D. 添加圆角阴影
2. Axure RP 10 为用户提供了（　　　）种默认元件样式。
A. 11
B. 30
C. 10
D. 8
3. 单击"交互"面板中的（　　　）按钮，即可打开"交互编辑器"对话框。
A. 提交
B. 交互编辑器
C. 交互
D. 打开
4. 当页面中包含多个相同元件时，为每个元件（　　　）是非常有必要的。
A. 定制尺寸
B. 指定填充色
C. 指定不同的名称
D. 添加元件样式
5. 元件"交互"面板底部有（　　　）种常用交互按钮。
A. 1
B. 2
C. 3
D. 4

5.9.2 填空题

1. Axure RP 10 一共提供了_____、_____和_____3 种填充类型。
2. 用户可以在"页面样式管理"对话框中对页面的页面对齐、颜色、_____、_____、_____和_____样式进行设置。
3. 按照应用对象的不同，Axure RP 10 中的交互可以分为_____和_____两种。
4. "设置选中下拉列表选项"动作主要被应用于_____元件和_____元件。
5. "展开 / 折叠树节点"动作主要被应用于_____元件。

5.9.3 操作题

根据本章所学内容，完成当鼠标单击元件时，元件旋转一圈的动作设置。

06

第 6 章

使用母版和动态面板

制作产品原型的过程中，通常需要制作很多相同的页面，可以为这些相同的页面制作母版。当用户修改母版时，所有应用了母版的页面都会随之发生改变。

动态面板是 Axure RP 10 中非常重要的一个元件。其功能非常强大，且操作简单、容易理解。本章将对母版和动态面板的使用方法和技巧进行讲解，帮助读者在了解软件基本操作方法的同时提升操作技巧。

知识目标

- 掌握母版的概念。
- 了解"母版"面板的使用方法。
- 掌握新建和编辑母版的方式。
- 了解"动态面板"元件。
- 了解动态面板编辑对话框。
- 了解转换为动态面板的方法。

素养目标

- 善于运用流程图、思维导图等工具，梳理页面间的逻辑关系，使原型设计更加清晰易懂。
- 引导读者传承优秀传统艺术，突破传统设计思维，勇于尝试新的设计方法和交互方式。

6.1 母版的概念

原型项目页面中有一些重复出现的元素，将这些重复出现的元素定义为母版，可以供用户在不同的页面中反复使用，类似于 PPT 中的母版。

一个 App 产品原型项目中包含很多页面，每个页面的内容都不相同。但是由于系统的要求，每个页面中都必须包含状态栏、导航栏和标签栏，如图 6-1 所示。

图 6-1 页面共有元素

> **提示** 在每个页面中制作相同的内容，除了会增加不必要的工作量外，还会给后期页面的管理和修改工作带来麻烦。

在页面中使用母版，既能保持页面整体设计风格一致，又便于修改页面。对母版进行修改，所有应用该母版的页面都会自动修改，能够节省大量的时间。另外，母版页面中的说明只需要编写一次，可有效地避免在输出交互规范文档时产生额外的工作和错误。

> **提示** 使用母版能够有效减小 Axure RP 文件的大小，加快文件的预览速度。

一般情况下，一个页面中的以下部分可以制作成母版。
- 页面导航。
- 页面顶部，包括状态栏和导航栏。
- 页面底部，通常指页面的标签栏。
- 经常重复出现的元件，例如分享按钮。
- Tab 面板切换的元件，在不同页面同一个 Tab 面板有不同的呈现。

6.2 新建和编辑母版

在 Axure RP 10 中，母版文件通常被保存在"母版"面板中，如图 6-2 所示。用户在"母版"面板中可以完成添加母版、添加文件夹和搜索母版等操作。

图 6-2 "母版"面板

6.2.1　新建母版

单击"母版"面板右上角的"添加母版"按钮 ▣ 即可新建一个母版文件，如图6-3所示。用户可以同时新建多个母版文件并为其重命名，如图6-4所示。

图6-3　单击"添加母版"按钮

图6-4　新建多个母版文件

在母版文件上右击，用户可以在弹出的快捷菜单中选择"添加"命令下的子命令，完成新建母版文件夹、在当前母版文件上方添加母版、在当前母版文件下方添加母版和添加子级母版操作，如图6-5所示。

图6-5　快捷菜单（1）

> **提示**　用户可以通过拖曳的方式调整母版文件的关系。

在母版文件上右击，用户可以在弹出的快捷菜单中选择"移动"命令下的子命令，完成对母版文件的上移、下移、降级或升级操作，如图6-6所示。用户还可以在快捷菜单中完成对母版文件的删除、剪切、复制、粘贴、重命名或创建副本操作，如图6-7所示。

图6-6　"移动"命令下的子命令

图6-7　快捷菜单（2）

同一个项目中可能会有多个母版，为了方便母版的管理，用户可以通过新建文件夹的方式将同类或相同位置的母版分类管理。

单击"母版"面板右上角的"添加文件夹"按钮 ▣ ，或者在元件上右击，在弹出的快捷菜单中选择"添加＞文件夹"命令，即可在面板中新建一个文件夹，如图6-8所示。

图 6-8　新建文件夹

课堂操作——新建 iOS 布局母版

步骤 01　新建一个 Axure RP 10 文件。单击"母版"面板上的"添加母版"按钮，新建一个母版并修改名称为"状态栏"，如图 6-9 所示。

步骤 02　双击进入母版编辑页面，在"元件库"面板中打开"第 6 章 /iOS 11 元件库 .rplib"文件，将"系统状态栏"选项下的"黑"元件拖曳到页面中，如图 6-10 所示。

图 6-9　新建母版

图 6-10　使用元件素材

步骤 03　返回 Page 1 页面，新建一个名为"导航栏"的母版文件，双击进入母版编辑页面，将"标题栏"选项组中的"标准 - 页面标题"元件拖曳到页面中，如图 6-11 所示。使用相同的方法，完成"标签栏"母版的制作，如图 6-12 所示。

图 6-11　制作"导航栏"母版

图 6-12　制作"标签栏"母版

步骤 04　在"母版"面板中新建一个名称为"结构"的母版，拖曳调整母版文件的层级，如图 6-13 所示。将"状态栏"和"导航栏"母版文件拖曳到页面中并排列，如图 6-14 所示。

图 6-13　调整层级

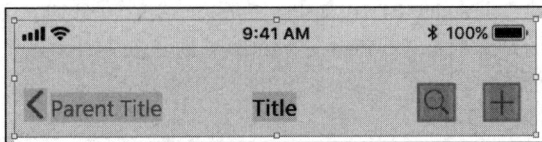

图 6-14　使用母版

提示　iOS 中的 App 通常先以 750 像素 ×1334 像素为默认制作尺寸，再调整适配其他尺寸的设备。

步骤 05　将"标签栏"母版文件拖曳到页面中，在"样式"面板中设置其位置如图 6-15 所示。双击"页面"面板中的 Page 1 文件，将"结构"母版文件从"母版"面板中拖曳到页面中，母版应用效果如图 6-16 所示。

图 6-15　设置母版文件位置

图 6-16　母版应用效果

提示　Axure RP 10 允许母版中嵌套子母版，这样可以使母版的层次更加丰富、应用更加广泛。

6.2.2　编辑和转换母版

双击"母版"面板中的母版文件，即可进入该母版文件编辑页面，在页面标签栏中会显示当前编辑母版的名称，如图 6-17 所示。用户可以使用"元件库"面板中的各种元件创建母版页面，如图 6-18 所示。

图 6-18　创建母版页面

图 6-17　显示当前编辑母版的名称

母版页面创建完成后，执行"文件＞保存"命令，将母版文件保存。

提示　应用到页面中的母版文件将显示为半透明的红色遮罩效果。

除了可以通过新建母版的方式创建母版文件，Axure RP 10 还允许用户将制作完成的页面直接转换为母版文件。

课堂操作——将卡片标签转换为母版

微课 31

将卡片标签转换为母版

步骤 01 新建一个 Axure RP 10 文件。使用元件制作图 6-19 所示页面。选中页面中所有元件，右击，在弹出的快捷菜单中选择"转换为母版"命令或者执行"布局＞转换为母版"命令，如图 6-20 所示。

图 6-19　使用元件制作页面

图 6-20　"转换为母版"命令

步骤 02 在弹出的"创建母版"对话框中设置母版名称，如图 6-21 所示。设置完成后单击"继续"按钮，即可完成母版的转换，转换好的母版文件将显示在"母版"面板中，如图 6-22 所示。

图 6-21　设置母版名称

图 6-22　完成母版的转换

6.2.3　查找母版

当"母版"面板中包含很多母版文件时，单击"母版"面板顶部的"搜索"按钮或搜索框，如图 6-23 所示，在文本框中输入要查找的母版文件名称，即可快速查找到该母版文件，如图 6-24 所示。

图 6-23　搜索框

图 6-24　搜索母版文件

6.2.4　删除母版

对于拖曳到页面中的母版，将其选中后直接按【Delete】键，即可删除。在"母版"面板中，选中想要删除的母版，按【Delete】键或者右击，在弹出的快捷菜单中选择"删除"命令，即可删除当前母版文件。

6.3 使用母版

完成母版的创建后，用户可以通过多种方法将母版应用到页面中，当修改母版内容时，应用该母版的页面也会随之发生变化。

6.3.1 拖放方式

用户可以通过拖放的方式，将母版文件应用到页面中。双击"页面"面板中的一个页面，进入编辑状态。在"母版"面板中选择一个母版文件，将其直接拖曳到页面中，即可使用母版，如图 6-25 所示。

图 6-25　拖曳应用母版

使用直接拖曳的方式应用母版时，Axure RP 10 提供了 3 种不同的拖放方式。在"母版"面板中的母版文件上右击，弹出图 6-26 所示的快捷菜单。用户可以在"拖放设置"子菜单中选择"任意放置""锁定到母版中所在位置""从母版中脱离"3 种拖放方式。

1. 任意放置

任意放置方式是母版的默认拖放方式，是指将母版拖曳到页面中的任意位置。当修改母版文件时，页面中所有应用该母版的母版实例会同步更新（坐标不会同步更新）。使用任意放置拖放方式时的母版文件图标显示如图 6-27 所示。

图 6-26　快捷菜单

图 6-27　任意放置拖放方式图标

课堂操作——在任意位置使用母版

步骤 01 在"母版"面板中新建一个名为"标志"的母版文件，如图 6-28 所示。双击进入母版文件，拖曳图片元件到页面中，并导入图片，如图 6-29 所示。

图 6-28　新建母版文件

图 6-29　导入图片

微课 32

在任意位置使用母版

步骤 02 在"样式"面板中修改图片位置为（X：0，Y：0），如图 6-30 所示。返回 Page 1 页面，将"标志"母版文件从"母版"面板中拖曳到页面中，如图 6-31 所示。

图 6-30　修改位置

图 6-31　拖曳使用母版文件

在默认情况下拖曳使用母版时，选择的都是"任意放置"命令。用户可以在页面中随意拖曳母版文件到任何位置，且用户只能更改母版实例的位置，不能设置其他参数，如图 6-32 所示。

用户可以在"交互"面板中对母版实例的标题、按钮和图片元件进行"样式覆盖"操作，如图 6-33 所示。

图 6-32　不能设置其他参数

图 6-33　样式覆盖

用户可以直接在按钮文本框和标题文本框中输入内容，替换母版实例元件中的文本；单击"选择图片"按钮，替换图片元件中的图片，覆盖母版效果如图 6-34 所示。

图 6-34　覆盖母版效果

> **提示**　重写母版只能更改母版中元件的文本和图片，并不能修改样式。重写后的母版只影响当前实例母版文件，不会影响其他实例母版文件。

2. 锁定到母版中所在位置

"锁定到母版中所在位置"是指将母版拖曳到页面中后，母版实例中元素的位置会自动"继承"母版页面中元素的位置，不能修改。用户对母版文件所做的修改会立即更新到原型设计母版实例中。在更改拖放方式后，母版文件图标改变为如图 6-35 所示。

在"标志"母版文件上右击，在弹出的快捷菜单中选择"拖放设置＞锁定母版中所在位置"命令，如图 6-36 所示。再次

图 6-35　锁定到母版中所在位置方式图标

将"标志"母版文件拖曳到页面中，如图 6-37 所示。

图 6-36　选择命令

图 6-37　将"标志"母版文件拖曳到页面中

母版元件四周出现红色的线条，代表当前元件为固定位置母版，即该母版将固定在（X：0，Y：0）的位置，不能移动。双击该元件，即可进入"标志"母版文件内，对其进行编辑。保存后，页面中的母版元件将同时发生变化。

采用"锁定到母版中所在位置"拖放方式拖曳到页面中的母版元件，在默认情况下为锁定状态。右击，在弹出的快捷菜单中选择"锁定＞解锁位置和尺寸"命令，弹出图 6-38 所示的"提示"对话框。根据提示，用户可以在母版元件上右击，选择"从母版中脱离"命令，如图 6-39 所示。执行该命令后，母版实例即可脱离母版，自由移动。

图 6-38　"提示"对话框

图 6-39　选择"从母版中脱离"命令

> **提示**　脱离母版后的母版实例将单独存在，不再与母版文件有任何的关联。

3．从母版中脱离

从母版中脱离是指将母版拖曳到页面中后，母版实例自动脱离母版，成为独立的内容。脱离后的母版实例可以再次编辑，而且修改母版对其不再有任何影响。更改拖放方式后，母版文件图标改变，如图 6-40 所示。

图 6-40　从母版中脱离方式图标

6.3.2　添加到页面中

除了采用拖放的方式应用母版，还可以通过"添加到页面"命令将母版添加到页面中。在母版文件上右击，在弹出的快捷菜单中选择"添加到页面"命令，如图 6-41 所示。弹出"添加母版到页面"对话框，如图 6-42 所示。

图 6-41　选择命令

图 6-42　"添加母版到页面"对话框

用户可以在对话框的上方选择想要添加母版的页面，如图 6-43 所示。可以同时选择多个页面添加母版，如图 6-44 所示。

图 6-43　选择想要添加母版的页面

图 6-44　同时选择多个页面添加母版

在对话框上方有 4 个选择按钮，可以帮助用户快速全选、全部取消、选择子页面或取消选择子页面，如图 6-45 所示。

图 6-45　4 个选择按钮

● 全选：单击该按钮，将选中所有页面。
● 全部取消：单击该按钮，将取消选中所有页面。
● 选择子页面：单击该按钮，将选中所有子页面。
● 取消选择子页面：单击该按钮，将取消选中所有子页面。

用户可以选择"锁定到母版中所在位置"命令，将母版添加到指定的位置，也可以通过指定坐标为母版指定新的位置，如图 6-46 所示。

勾选"置底"复选框，当前母版将会被添加到页面的底层，如图 6-47 所示。

图 6-46　设置位置

图 6-47　勾选"置底"复选框

> **提示**　用户如果勾选了"仅添加到未包含此母版的页面"复选框，则只能为没有该母版的页面添加母版。

6.3.3　从页面移除

用户可以一次性移除多个页面中的母版。在"母版"面板中选择要移除的母版文件，右击，在弹出的快捷菜单中选择"从页面移除"命令，如图 6-48 所示，弹出"从页面移除母版"对话框，如图 6-49 所示。

图 6-48　选择命令

图 6-49　"从页面移除母版"对话框

在对话框中选择想要移除母版实例的页面，单击"确定"按钮，即可完成在指定页面移除母版的操作。

> **提示** 通过"添加到页面"或"从页面移除"命令添加或删除母版的操作是无法通过"撤销"命令撤销的，需要重新操作。

6.4 母版使用报告

为了便于查找和修改母版，Axure RP 10 提供了母版的使用情况供用户参考。在"母版"面板上选择需要查看的母版，右击，在弹出的快捷菜单中选择"使用报告"命令，如图 6-50 所示。弹出的"母版使用报告"对话框中将显示使用了当前母版的页面，如图 6-51 所示。

图 6-50 选择命令   图 6-51 "母版使用报告"对话框

在"母版使用报告"对话框中可以查看应用当前母版的母版文件和页面文件，单击对话框中的文件并单击"确定"按钮，即可快速进入相应母版或页面。

> **提示** 使用"从母版中脱离"方式拖入页面的母版，将不被认为使用了母版，不会显示在"母版使用报告"对话框中。

6.5 应用动态面板

"动态面板"元件是 Axure RP 10 中功能较强大的元件，是一个非常有用的元件。通过"动态面板"元件，用户可以实现很多其他产品原型设计软件不能实现的动态效果。"动态面板"元件可以被简单地看作一个拥有很多种不同状态的超级元件。

6.5.1 使用动态面板

在"元件库"面板中选中"动态面板"元件，将其拖曳到页面中，如图 6-52 所示。

图 6-52 使用"动态面板"元件

双击"动态面板"元件，工作区将转换为动态面板编辑状态，如图 6-53 所示。用户可以在该状态中完成动态面板的各种操作。单击右上角的"关闭"按钮即可退出动态面板编辑状态，如图 6-54 所示。

图 6-53　动态面板编辑状态

图 6-54　退出动态面板编辑状态

> **提示**　一个动态面板通常由多个面板组成，为了便于查找使用，需要为每个面板重新设置名称，尽量不要使用默认的名称。

默认情况下，"动态面板"元件实例的尺寸为 300 像素 ×170 像素，其尺寸由"动态面板"元件实例状态中尺寸最大的状态决定，如图 6-55 所示。

图 6-55　"动态面板"元件实例尺寸

课堂操作——创建动态面板

步骤 01　新建一个 Axure RP 10 文件。将"动态面板"元件从"元件库"面板中拖曳到页面中，如图 6-56 所示。在"样式"面板中设置其元件名称为"动态面板"，如图 6-57 所示。

图 6-56　使用"动态面板"元件

图 6-57　设置元件名称

步骤 02　单击"动态面板"元件实例左上角的 ⊜ 按钮，弹出图 6-58 所示的面板。单击"添加状态"，即可为动态面板添加一个状态，如图 6-59 所示。

图 6-58　弹出面板

图 6-59　添加状态（1）

步骤 03　用户可以根据需求为动态面板添加多个状态，如图 6-60 所示。单击"查看全部状态"，可查看该动态面板所有状态，如图 6-61 所示。

图 6-60　单击"添加状态"选项

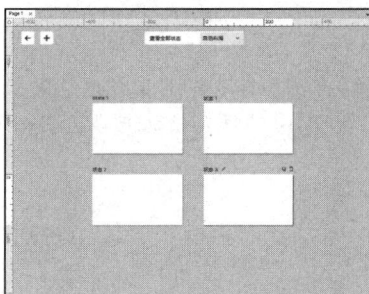

图 6-61　查看动态面板所有状态

6.5.2　编辑动态面板状态

单击"动态面板"元件实例左上角的 ≋ 按钮，将鼠标指针移动到面板中任一状态上，该状态名后将显示"编辑状态名称""创建状态副本""删除状态"3 个按钮，如图 6-62 所示。

单击"编辑状态名称"按钮 ✎，即可编辑动态面板状态的名称；单击"创建状态副本"按钮 ❑，即可复制当前动态面板的状态；单击"删除状态"按钮 ❑，即可将当前动态面板的状态删除，如图 6-63 所示。

图 6-62　动态面板状态

编辑状态名称
创建状态副本
删除状态

图 6-63　状态功能按钮

用户也可以单击"大纲"面板中"动态面板"右侧的"添加状态"按钮为该动态面板添加面板状态，如图 6-64 所示。选中"大纲"面板中动态面板的任一状态，右击，可在弹出的快捷菜单中选择"添加状态"命令为动态面板添加状态，如图 6-65 所示。

图 6-64　添加状态（2）

图 6-65　添加状态命令

在弹出的快捷菜单中选择"创建状态副本"命令即可复制当前选中的动态面板状态，如图 6-66 所示。也可以将鼠标指针移动到任一状态右侧，单击"创建状态副本"按钮，复制该状态，如图 6-67 所示。

单击"动态面板"右侧的"在视图中隐藏"按钮，可以隐藏当前动态面板状态，如图 6-68 所示。

图 6-66　"创建状态副本"命令

图 6-67　"创建状态副本"按钮

图 6-68　"在视图中隐藏"按钮

用户也可以在状态上右击，在弹出的快捷菜单中选择上移、下移和删除命令，完成对项目状态的移动和删除操作。

双击"动态面板"元件，进入动态面板编辑模式，单击"动态面板"标题上的左右箭头可实现在不同面板状态间的跳转，如图 6-69 所示。单击"查看全部状态"，进入查看全部状态界面，如图 6-70 所示。

图 6-69　在不同面板状态间跳转

图 6-70　查看全部状态界面

单击左上角的 ＋ 按钮，即可退出查看全部状态界面；单击 ← 按钮，将为当前动态面板添加一个状态。单击"查看全部状态"右侧的"自动布局"下拉列表，用户可以选择使用"水平"或"垂直"的布局方式布局状态，如图 6-71 所示。

用户可以单击布局中任一状态，当状态顶部名称变为紫色时，就能对其进行各种编辑操作，如图 6-72 所示。

图 6-71　选择布局方式

图 6-72　选中状态

用户可以单击状态顶部的"编辑状态名称"按钮 ✏、"创建状态副本"按钮 ▣ 和"删除状态"按钮 🗑，完成重命名、复制和删除状态的操作，如图 6-73 所示。

图 6-73　状态顶部按钮

单击任一状态的名称处，该状态页面四周将出现图 6-74 所示的控制框。拖曳控制锚点可自由调整状态的尺寸，同时其他状态的尺寸会一起发生变化，如图 6-75 所示。

图 6-74　状态控制框

图 6-75　拖曳调整控制框

调整完成后，状态将自动重新排列，效果如图 6-76 所示。

图 6-76　状态重新排列

6.5.3　从首个状态脱离

在"动态面板"元件上右击，在弹出的快捷菜单中选择"从面板中分离出第当前状态"命令，如图 6-77 所示，即可使该动态面板中第一个面板状态的元件脱离为独立状态，如图 6-78 所示。

图 6-77　选择命令

图 6-78　从首个状态脱离对比效果

课堂操作——设计制作标签选择页面

步骤 01 新建一个 Axure RP 10 文件。将"动态面板"元件拖曳到页面中，如图 6-79 所示。单击"动态面板"元件实例左上角的 ⬢ 按钮，在弹出的面板中添加状态并修改状态名称，如图 6-80 所示。

图 6-79　使用"动态面板"元件

图 6-80　添加动态面板状态

步骤 02 双击"动态面板"元件实例，在"体育新闻"状态中使用"矩形 3"元件和"文本标签"元件制作图 6-81 所示的页面。使用相同的方法制作娱乐新闻动态面板状态，如图 6-82 所示。

图 6-81　制作"体育新闻"状态页面

图 6-82　制作"娱乐新闻"状态页面

步骤 03 双击返回页面编辑状态，将"热区"元件拖曳到页面中，并调整其大小和位置，如图 6-83 所示。选中"热区"元件，单击"交互"面板上的"新建交互"按钮，选择"单击"触发事件，继续选择"设置动态面板状态"动作，如图 6-84 所示。

图 6-83 使用"热区"元件

图 6-84 设置面板状态

步骤 04 选择目标和状态，如图 6-85 所示。单击"完成"按钮，添加交互后的元件效果如图 6-86 所示。

图 6-85 选择目标和状态

图 6-86 添加交互后元件效果

步骤 05 使用相同的方法完成体育新闻"热区"元件的交互制作，如图 6-87 所示。执行"文件＞保存"命令，将文件保存。单击"预览"按钮，效果如图 6-88 所示。

图 6-87 完成交互制作

图 6-88 预览效果

6.5.4 为动态面板添加交互

"动态面板"元件通常需要添加交互事件实现各种效果。动态面板的应用非常灵活，制作出的效果也是千变万化，接下来通过一个网页中常见的产品轮播图效果案例，深层次地讲解动态面板的使用技巧。

课堂操作——制作轮播图

步骤 01 新建一个 Axure RP 10 文件。将"动态面板"元件拖曳到页面中。在"样式"面板中设置元件各项参数，如图 6-89 所示。页面效果如图 6-90 所示。

图 6-89 设置元件各项参数

图 6-90 页面效果

步骤 02 在"动态面板"元件实例上右击，在弹出的快捷菜单中选择"查看全部状态"命令，如图 6-91所示。添加 4 个状态并分别重命名，如图 6-92 所示。

图 6-91 查看全部状态

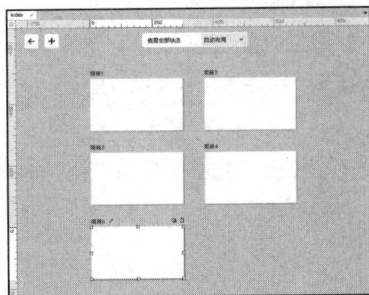

图 6-92 添加状态

步骤 03 进入"项目 1"状态编辑页面，将"图片"元件从"元件库"面板中拖曳到页面中，调整其大小和位置，如图 6-93 所示。双击"图片"元件，导入外部图片素材，调整状态尺寸，如图 6-94 所示。

图 6-93 将"图片"元件拖曳到页面中

图 6-94 导入外部图片素材

步骤 04 使用相同的方法为其他 4 个状态导入图片素材，如图 6-95 所示。退出动态面板编辑模式，分别拖入 5 张图片素材并排列，如图 6-96 所示。

图 6-95 其他 4 个状态效果

图 6-96 拖入图片素材并排列

步骤 05 将小图分别命名为图片 1～图片 5，选中"图片 1"元件，如图 6-97 所示。在"交互编辑器"对话框中添加"鼠标移入"事件，再添加"设置动态面板状态"动作，设置动作参数如图 6-98 所示。

图 6-97 设置元件名称

图 6-98 设置动作参数

步骤 06 选中"图片 2"元件，添加"鼠标移入"事件，再添加"设置动态面板状态"动作，如图 6-99 所示。设置"进入动画"和"退出动画"效果为"淡入淡出"，时间为 500 毫秒，如图 6-100 所示。

图 6-99 添加事件和动作

图 6-100 设置动作

步骤 07 使用相同的方法为"图片 3～图片 5"元件添加相同的交互效果，如图 6-101 所示。单击"预览"按钮，预览效果如图 6-102 所示。

图 6-101 添加相同的交互效果

图 6-102 预览效果

6.6　转换为动态面板

除了通过从"元件库"面板中拖入的方式创建动态面板外，用户还可以将页面中的任一对象转换为动态面板，制作符合自己要求的产品原型。

选中想要转换为动态面板的元件，右击，在弹出的快捷菜单中选择"转换为动态面板"命令，即可将元件转换为动态面板，如图 6-103 所示。

从"元件库"面板中拖曳"动态面板"元件到页面中后再进行编辑的方法，与先创建页面内容、再转换为动态面板的方法，虽然操作顺序不同，但实质上没有区别。

图 6-103　转换为动态面板

6.7　本章小结

本章主要讲解了 Axure RP 10 中母版的创建和使用方法。通过本章内容的学习，读者可以掌握母版的创建与编辑方法，并能够将母版应用到实际的工作中。读者在学习了动态面板的使用方法后，可以扩大制作的范围，使得产品原型制作更加方便。

素养拓展

● **本章通过基础知识与课程操作相结合的方法讲解互联网产品原型设计制作过程中的母版和动态面板的相关知识。在学习过程中，读者应具备创新能力，运用流程图和思维导图等工具，梳理页面间的逻辑关系，传承传统艺术，发挥创新精神，使用母版和动态面板制作原型，提高工作的制作效率和准确性。**

6.8　课后练习——设计制作动态按钮效果

微课 36

设计制作动态按钮效果

掌握 Axure RP 10 中母版和动态面板的使用方法后，读者应多次练习加深对相关知识点的理解。接下来通过设计制作动态按钮效果的案例，进一步讲解动态面板的使用。

步骤 01　将"动态面板"元件拖曳到页面中并添加两个状态，如图 6-104 所示。
步骤 02　分别使用"椭圆"元件和"图片"元件制作状态页面，如图 6-105 所示。

图 6-104　使用"动态面板"元件　　　　图 6-105　制作状态页面

步骤 03 在"交互编辑器"对话框中设置鼠标移入时的交互效果，如图 6-106 所示。

步骤 04 在"交互编辑器"对话框中设置鼠标移出时的交互效果，如图 6-107 所示。

图 6-106　设置鼠标移入时的交互效果

图 6-107　设置鼠标移出时的交互效果

6.9　课后测试

　　完成本章内容的学习后，通过几道课后习题检验读者对本章相关知识的学习效果，同时加深读者对所学知识的理解。

6.9.1　选择题

1. 母版包含的是产品原型项目页面中一些（　　　　）出现的元素。

A. 重复

B. 最多

C. 最少

D. 不能

2. 下列内容中可以制作为母版的是（　　　　）。

A. 导航

B. 广告

C. 详情页

D. 商品图

3. 同一个项目中，可能会有（　　　　）母版。

A. 3个

B. 8个

C. 多个

D. 1个

4. 在使用"动态面板"元件制作页面时，为了避免多个页面中元素位置无法对齐的情况，可以使用准确的（　　　　）来进行定位。

A. 角度

B. 坐标

C. 颜色

D. 宽度

5. 执行（　　　　）命令下的子命令，可选择是否使用特殊颜色显示对象。

A. 视图＞遮罩

B. 视图＞显示背景

C. 视图＞重置视图

D. 帮助＞管理权

6.9.2　填空题

1. 使用母版会＿＿＿＿＿＿＿Axure RP 文件的大小，＿＿＿＿＿＿＿原型文件的预览速度。
2. Axure RP 10 允许在母版中套用＿＿＿＿＿＿＿，这样可使得母版的层次更加丰富，应用更加广泛。
3. Axure RP 10 提供了＿＿＿＿＿＿＿、＿＿＿＿＿＿＿和＿＿＿＿＿＿＿3 种拖放方式。
4. 隐藏元件，元件显示为＿＿＿＿＿＿＿遮罩，动态面板则显示为＿＿＿＿＿＿＿，页面中的母版实例显示为＿＿＿＿＿＿＿。
5. 用户可以为"动态面板"元件添加＿＿＿＿＿＿＿动作，实现丰富的交互效果。

6.9.3　操作题

根据前面所学的动态面板的内容，设计制作电子商务商品图放大镜效果。

07

第 7 章
变量与表达式

本章将对 Axure RP 10 中难度较高的变量和表达式进行介绍，对全局变量、局部变量、设置条件和公式等知识点进行讲解。学习变量和表达式的使用方法，可以帮助读者理解并制作更为复杂的产品原型。要想提升利用 Axure RP 10 进行交互设计制作的水平，除了需要掌握基础知识外，还要进行大量的练习。

知识目标

- 了解变量的概念。
- 掌握局部变量和全局变量的使用方法。
- 掌握设置条件的方法。
- 理解表达式的使用方法。

素养目标

- 具备数据分析能力，能够根据用户反馈、数据指标等调整原型设计，优化用户体验。
- 具备分析复杂业务逻辑的能力，能够准确理解原型产品需求，确保原型设计的准确性。

7.1 使用变量

Axure RP 10 中的"变量"是非常有个性和使用价值的功能，有了变量之后，很多需要复杂条件判断或者需要传递参数的逻辑功能就可以实现了，大大丰富了原型演示的可实现效果。变量分为全局变量和局部变量两种，接下来逐一进行讲解。

7.1.1 全局变量

全局变量是一个数据容器，就像一个硬盘，可以把需要的内容存入，能随身携带。在需要的时候读取出来即可使用。

全局变量的作用范围为一个页面，即在"页面"面板中一个节点（不包含子节点）内有效，"全局"并不是指整个原型文件内的所有页面，所以有一定的局限性。

在"交互编辑器"对话框中单击"设置变量值"，弹出图 7-1 所示的面板。默认情况下该面板中只包含一个全局变量：OnLoadVariable。勾选 OnLoadVariable 复选框，用户可以在对话框的右侧设置全局变量值，如图 7-2 所示。

图 7-1　弹出面板

图 7-2　设置全局变量值

Axure RP 10 一共提供了 11 种全局变量值供用户使用，具体功能如下。
- 文本值：直接获取一个常量，可为数值和字符串。
- 变量值：获取另外一个变量的值。
- 变量值长度：获取另外一个变量的值的长度。
- 元件文本：获取元件上的文字。
- 焦点元件文本：获取焦点元件上的文字。
- 元件值长度：获取元件文字的值的长度。
- 被选项：获取被选择的项目。
- 元件禁用状态：获取元件的禁用状态。
- 选中状态：获取元件的选中状态。
- 面板状态：获取面板的当前状态。
- 元件错误状态：获取元件的错误状态。

单击"交互编辑器"对话框右侧的"配置动作"选项组中的"目标"下拉列表，选择"添加变量"选项，即可创建一个新的全局变量，如图 7-3 所示。在弹出的"全局变量"对话框中单击"添加"，即可新建一个全局变量，如图 7-4 所示。

图 7-3　选择"添加变量"选项

图 7-4　新建全局变量

用户可以重新对变量命名，以便查找和使用，如图 7-5 所示。用户可以单击"上移"和"下移"实现调整全局变量顺序的操作。单击"删除"将删除选中的全局变量。单击"确定"按钮，即可完成操作，如图 7-6 所示。

图 7-5　重新对变量命名

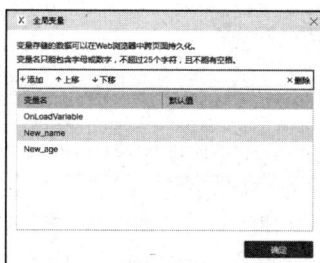

图 7-6　完成全局变量的创建

课堂操作——使用全局变量

步骤 01 新建一个 Axure RP 10 文档。分别将"一级标题"元件和"主要按钮"元件拖曳到页面中，如图 7-7 所示。分别将两个元件命名为"标题"和"提交"，修改元件文本，如图 7-8 所示。

图 7-7　使用元件

图 7-8　修改元件文本

步骤 02 在"交互编辑器"对话框中选择"页面载入"事件，如图 7-9 所示。选择"设置变量值"动作，如图 7-10 所示。

图 7-9　选择事件

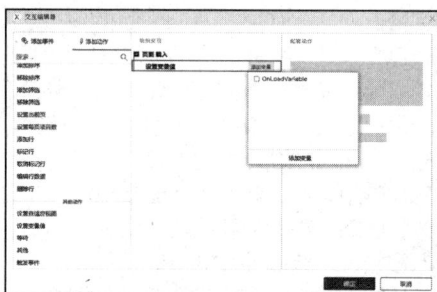

图 7-10　选择"设置变量值"动作

步骤 03 选择"添加变量"选项，在弹出的"全局变量"对话框中单击"添加"，新建一个名为"wenzi"的全局变量，如图 7-11 所示。单击"确定"按钮，设置动作的各项参数如图 7-12 所示。

图 7-11　添加变量

图 7-12　设置动作的各项参数

步骤 04 单击"确定"按钮，"交互"面板如图 7-13 所示。选择"提交"按钮元件，在"交互编辑器"对话框中添加"单击"事件，再添加"设置文本"动作，选择"标题"选项，如图 7-14 所示。

图 7-13 "交互"面板

图 7-14 选择"标题"选项

步骤 05 在"交互编辑器"对话框右侧设置各项参数，如图 7-15 所示。单击"确定"按钮，再单击"预览"按钮，页面预览效果如图 7-16 所示。

图 7-15 设置各项参数

图 7-16 页面预览效果

7.1.2 局部变量

局部变量仅适用于元件或页面中的一个动作，动作外的环境无法使用局部变量。可以为一个动作设置多个局部变量，Axure RP 10 中没有限制变量的数量。不同的动作当中，局部变量的名称可以相同，不会相互影响。例如每个人的"身高"和"体重"是不一样的。

1. 添加局部变量

用户可以在"交互编辑器"对话框"配置动作"选项组中添加局部变量，如图 7-17 所示。单击"值"文本框右侧的按钮，弹出"编辑文本"对话框，如图 7-18 所示。

图 7-17 "交互编辑器"对话框

图 7-18 "编辑文本"对话框

单击"添加局部变量"，即可添加一个局部变量，如图 7-19 所示。局部变量由 3 部分组成，由左到右分别是变量名称、变量类型和添加变量的目标文件，如图 7-20 所示。

图 7-19 添加局部变量

变量名称　　　　　变量类型　　　　添加变量的目标文件

图 7-20 局部变量的组成

2. 编辑局部变量

添加局部变量时，系统默认设置局部变量名称为"LVAR1"，用户可以根据个人的习惯自定义局部变量的名称。局部变量名称必须是字母、数字，不允许包含空格。

用户可以在变量类型下拉列表中选择局部变量的类型，如图 7-21 所示。可以在目标元件下拉列表中选择添加变量的元件，如图 7-22 所示。

图 7-21 选择局部变量的类型

图 7-22 选择目标元件

3. 插入局部变量

完成局部变量的添加后，单击"编辑文本"对话框上方的"插入变量或函数"，在下拉列表中选择添加的局部变量，即可插入该局部变量，如图 7-23 所示。单击局部变量右侧的"删除"按钮，即可删除该局部变量，如图 7-24 所示。

图 7-23 插入局部变量

图 7-24 删除局部变量

7.2 设置条件

用户可以为动作设置条件，实现控制动作发生的时机。单击"交互"面板中事件选项右侧的"条件"按钮，或者单击"交互编辑器"对话框事件选项后的"条件"按钮，如图 7-25 所示，弹出"条件编辑"

对话框，如图 7-26 所示。单击"添加条件"按钮，即可为事件添加一个条件，如图 7-27 所示。

图 7-25　单击"条件"按钮

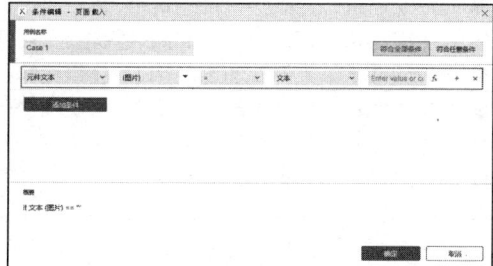

图 7-26　"条件编辑"对话框

图 7-27　添加条件

　　添加的条件包括用来进行逻辑判断的值、确定变量或元件名称、逻辑判断的运算符、用来选择被比较的值和文本框 5 部分，如图 7-28 所示。

图 7-28　条件的组成部分

7.2.1　确定条件逻辑

　　用户可以单击"条件编辑"对话框右侧的"符合全部条件"和"符合任意条件"按钮，用来确定条件逻辑，如图 7-29 所示。

- 符合全部条件：必须同时满足条件编辑器中的所有条件，用例交互才有可能发生。
- 符合任意条件：只要满足条件编辑器中的任何一个条件，用例交互就会发生。

图 7-29　确定条件逻辑

提示　可以通过条件逻辑关系，设置执行一个动作必须同时满足多个条件，或者仅需满足多个条件中的任何一个。

7.2.2　用来进行逻辑判断的值

　　在用来进行逻辑判断的值下拉列表中有 16 个选项，如图 7-30 所示。

图 7-30　逻辑判断的值的 16 个选项

- 文本值：自定义变量值。
- 变量值：能够根据一个变量的值来进行逻辑判断。例如，可以添加一个变量，将其命名为"日期"并且判断只有当日期为 3 月 18 日时，才会出现"Happy Birthday"的用例。
- 变量值长度：在验证表单的时候，用于验证用户选择的用户名或者密码长度。
- 元件文本：用来获取某个输入文本框内文本的值。
- 焦点元件文本：当前获得焦点的元件文字。
- 元件值长度：与变量值长度相似，只是它判断的是某个元件的文本长度。
- 被选项：可以根据页面中某个复选框元件的选中与否来进行逻辑判断。
- 元件禁用状态：某个元件的禁用状态。可以根据元件的禁用状态来判断是否执行某个用例。
- 元件错误状态：某个元件的错误状态。可以根据元件的错误状态来判断是否执行某个用例。
- 选中状态：某个元件的选中状态。可以根据元件是否被选中来判断是否执行某个用例。
- 面板状态：某个动态面板的状态。可以根据动态面板的状态来判断是否执行某个用例。
- 元件可见性：某个元件是否可见。可以根据元件是否可见来判断是否执行某个用例。
- 按下的键：可以根据按键盘上的哪个键来判断是否要执行某些操作。
- 鼠标指针：获取鼠标指针的当前位置，实现鼠标指针拖曳的相关功能。
- 元件范围：为元件事件添加条件事件指定的范围。
- 自适应视图：可以根据一个元件的所在面板判断当前视图尺寸并自适应。

7.2.3　确定变量或元件名称

"确定变量或元件名称"是根据前面的选择方式来确定的。如果前面的"用来进行逻辑判断的值"选择"变量值"选项，那么"确定变量或元件名称"可以选择"OnLoadVariable"选项，也可以选择"新建"选项，以添加新的变量，如图 7-31 所示。

图 7-31　确定变量或元件名称

7.2.4　逻辑判断的运算符

用户可以在该下拉列表中选择逻辑判断运算符，如图 7-32 所示。Axure RP 10 一共为用户提供了10 种逻辑判断运算符选项。

图 7-32　选择逻辑判断运算符

7.2.5 用来选择被比较的值

此选项的值是和"用来进行逻辑判断的值"做比较的值，选择的方式和"用来进行逻辑判断的值"一样，如图 7-33 所示。例如选择比较两个变量，刚才选择了第 1 个变量的名称，现在就要选择第 2 个变量的名称。

图 7-33 用来选择被比较的值

7.2.6 文本框

如果"用来选择被比较的值"选择的是"文本值"，那么就要在文本框中输入具体的值，如图 7-34 所示。

Axure RP 10 会根据用户在前面几部分中输入的内容，在"概要"下生成一段描述，便于用户判断条件逻辑是否是正确的，如图 7-35 所示。

图 7-34 在文本框中输入具体的值

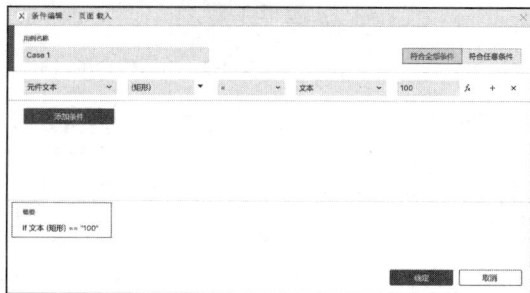

图 7-35 条件描述

单击 f_x 按钮，可以在输入值的时候使用一些常规的函数，如获取日期、截断和获取字符串、预设置参数等函数。单击 + 按钮或者单击"添加条件"按钮即可新增一个条件。单击 × 按钮即可删除一个条件。

> **提示** 添加交互时，打开交互编辑器，首先选择要使用的若干个动作，然后对动作进行参数设定。

当需要同时为多个动作改变条件判断关系时，可以在相应的动作名称上右击，在弹出的快捷菜单中选择"切换为 [如果] 或 [否则]"命令，如图 7-36 所示。

图 7-36 改变条件判断关系

课堂操作——设计制作用户登录界面

步骤 01 新建一个 Axure RP 10 文件。使用矩形元件、文本元件和按钮元件制作图 7-37 所示页面。使用"文本框"元件制作图 7-38 所示效果。

图 7-37　使用元件制作页面

图 7-38　使用"文本框"元件

步骤 02 分别将两个"文本框"元件命名为"用户名"和"密码",将登录按钮命名为"登录",如图 7-39 所示。选中登录按钮元件,在"交互编辑器"对话框中为其添加"单击"事件,如图 7-40 所示。

图 7-39　为元件命名

图 7-40　添加事件

步骤 03 单击"条件"按钮,弹出"条件编辑"对话框。单击"添加条件"按钮新建一个条件,并为其设置各项参数,如图 7-41 所示。单击"添加条件"按钮,创建行并为其设置各项参数,如图 7-42 所示。

图 7-41　新建条件

图 7-42　添加行并设置参数

步骤 04 单击"确定"按钮,添加"打开链接"动作,完成交互条件的添加,如图 7-43 所示。使用矩形元件和文本元件制作图 7-44 所示的效果。

图 7-43　完成交互条件的添加

图 7-44　使用元件

步骤 05 将元件选中并组合，设置元件名称为"错误提示"并将其隐藏，如图 7-45 所示。再次单击"条件"按钮，不进行任何设置，对话框效果如图 7-46 所示。

图 7-45　隐藏元件

图 7-46　对话框效果

步骤 06 单击"确定"按钮，添加"显示隐藏"动作，设置各项参数如图 7-47 所示。

图 7-47　设置各项参数

步骤 07 单击"确定"按钮完成交互制作。单击工具栏上的"预览"按钮，预览效果如图 7-48 所示。

图 7-48　预览效果

> **提示**　没有输入用户名和密码或输入错误的用户名和密码时单击登录按钮，将弹出提示内容。此处输入用户名 xdesign8、密码 123456 时，即可打开指定的网址。

7.3　使用表达式

表达式是由数字、运算符、数字分组符号（括号）、变量等组合成的公式。在 Axure RP 10 中，表达式必须写在 [[]] 中，否则不能正确运算。

7.3.1　运算符类型

运算符可用来执行程序代码运算，对一个以上操作数项目进行运算。Axure RP 10 中一共包含了 4 种运算符，分别是算术运算符、关系运算符、赋值运算符和逻辑运算符。

1. 算术运算符

算术运算符就是常说的加减乘除符号，符号为 +、−、*、/，例如 a+b、b/c 等。除了以上 4 个算术运算符，还有一个取余数运算符，符号是 %。取余数是指将前面的数字中可以整除后面数字的部分去除，只保留剩余的部分，例如18%5，结果为3。

2. 关系运算符

Axure RP 10中一共有6个关系运算符，分别是<、<=、>、>=、==、!=。关系运算符对其两侧的表达式进行比较，并返回比较结果。比较结果只有"真"和"假"两种，也就是True和False。

3. 赋值运算符

Axure RP 10中的赋值运算符是=。赋值运算符能够将其右侧的运算结果赋给左侧一个能够被修改的值，例如变量、元件文字等。

4. 逻辑运算符

Axure RP 10中的逻辑运算符主要有两种，分别是&&和‖。&&表示"并且"，‖表示"或者"。逻辑运算符能够将多个表达式连接在一起，形成更复杂的表示式。

在Axure RP 10中还有一种逻辑运算符!，表示"不是"，它能够将表达式结果取反。

例如，!（a+b&&=c）返回的值与（a+b&&=c）返回的值相反。

7.3.2 表达式的格式

a+b、a＞b或者a+b&&=c等都是表达式。在Axure RP 10中，只有在编辑值时才可以使用表达式，表达式必须写在[[]]中。

下面通过几个例子加深理解。

[[name]]：这个表达式没有运算符，返回值是name的变量值。

[[18/3]]：这个表达式的结果是6。

[[name==admin]]：当变量name的值为'admin'时，返回True，否则返回False。

[[num1+num2]]：当两个变量值为数字时，这个表达式的返回值为两个数字的和。

> **提示** 如果想将两个表达式的内容连接在一起或者将表达式的返回值与其他文字连接在一起，只需将它们写在一起。

课堂操作——设计制作滑动解锁

步骤01 新建一个Axure RP 10文档。使用矩形元件和文本元件制作图7-49所示页面。使用"图片"元件和文本元件继续制作页面，如图7-50所示。

图7-49 使用元件制作页面

图7-50 继续制作页面

步骤02 选中"图片"元件并将其转换为"动态面板"元件。在"交互编辑器"对话框中添加"拖动"事件并添加条件，设置"条件编辑"对话框如图7-51所示。单击"确定"按钮。添加"移动"动作，设置动作参数如图7-52所示。

图7-51 设置"条件编辑"对话框（1）

图7-52 设置"移动"动作参数

步骤03 单击"添加范围限制"按钮并设置参数，如图7-53所示。单击*fx*按钮，弹出"编辑值"对话框，如

图 7-54 所示。

图 7-53　单击"添加范围界限"按钮并设置参数

图 7-54　"编辑值"对话框（1）

步骤 04　单击"添加局部变量"，新建一个局部变量并设置参数，如图 7-55 所示。单击"插入变量或函数"，选择变量并设置参数，如图 7-56 所示。

图 7-55　新建局部变量并设置参数

图 7-56　选择变量并设置参数

步骤 05　单击"确定"按钮，面板效果如图 7-57 所示。使用相同的方法设置右侧边界，如图 7-58 所示。

图 7-57　面板效果

图 7-58　设置右侧边界

步骤 06　添加"设置文本"动作，如图 7-59 所示。单击 ƒx 按钮，在"编辑文本"对话框中创建局部变量并插入，如图 7-60 所示。

图 7-59　添加"设置文本"动作

图 7-60　"编辑文本"对话框

步骤07 单击"确定"按钮后，添加"设置尺寸"动作，选择橙色矩形元件，单击"w"选项右侧的按钮，在"编辑值"对话框中创建局部变量并插入，如图 7-61 所示。设置"h"的值为 35，如图 7-62 所示。

图 7-61 "编辑值"对话框（2）

图 7-62 设置值

步骤08 为"拖动"事件添加条件，设置"条件编辑"对话框如图 7-63 所示。单击"确定"按钮后添加"设置文本"动作，如图 7-64 所示。

图 7-63 设置"条件编辑"对话框（2）

图 7-64 添加"设置文本"动作

步骤09 添加"拖动后松开"事件并添加条件，"条件编辑"对话框如图 7-65 所示。添加"移动"动作，设置动作各项参数如图 7-66 所示。

图 7-65 "条件编辑"对话框

图 7-66 添加"移动"动作

步骤10 添加"设置尺寸"动作，设置动作各项参数如图 7-67 所示。添加"设置文本"动作，设置动作各项参数如图 7-68 所示。

图 7-67 添加"设置尺寸"动作

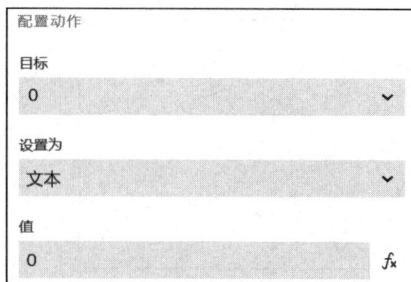

图 7-68 添加"设置文本"动作

步骤 11 单击"确定"按钮，将"图片"元件拖曳到图 7-69 所示的位置。选中"0"文本元件，将其隐藏，如图 7-70 所示。

图 7-69 拖曳"图片"元件

图 7-70 隐藏元件

步骤 12 单击"预览"按钮，预览页面效果。拖曳"图片"元件效果如图 7-71 所示。

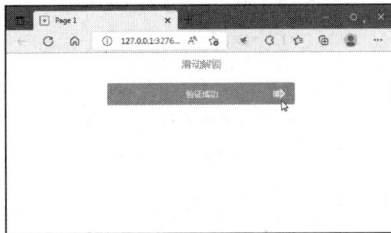

图 7-71 拖曳"图片"元件效果

7.4 本章小结

　　本章主要针对变量和表达式进行了讲解，包括全局变量和局部变量的概念和使用方法，以及条件和表达式。通过本章内容的学习，读者应该掌握创建全局变量和局部变量的方法，了解条件的作用，并且熟练掌握表达式的使用方法，为制作更为复杂的产品原型打下基础。

素养拓展

● **本章通过基础知识与课程操作相结合的方法讲解互联网产品原型交互设计制作过程中使用变量与表达式的相关知识。在学习过程中，读者应持续关注行业动态和技术发展，不断学习新的设计理念和技能，提升自己的专业素养，通过使用变量和表达式调整原型交互效果，优化用户体验。**

7.5 课后练习——设计制作图片交互效果

微课 40

设计制作图片
交互效果

　　掌握 Axure RP 10 中变量与表达式的使用方法后，读者应多次练习加深对相关知识点的理解。接下来通过设计制作图片交互效果的案例，进一步讲解动态面板的使用。

步骤 01 使用元件制作页面，将页面中的文本框命名为"选项"，如图 7-72 所示。
步骤 02 为页面添加子页面，使用"动态面板"元件创建图 7-73 所示的子页面。

图 7-72 使用元件制作页面

图 7-73 使用"动态面板"元件创建子页面

步骤 03 在"交互"面板中添加"选中项目发生改变"事件，设置选择不同下拉列表选项的交互效果，如图 7-74 所示。

步骤 04 继续设置其他相同交互效果，预览页面效果，如图 7-75 所示。

图 7-74　设置选中项目时的交互效果

图 7-75　预览页面效果

7.6　课后测试

完成本章内容的学习后，通过几道课后习题检验读者对本章相关知识的学习效果，同时加深读者对所学知识的理解。

7.6.1　选择题

1. 下列选项中不属于全局变量的是（　　　）。

A. 值

B. 元件文字

C. 选中项

D. 面板状态

2. 在弹出的"全局变量"对话框中单击（　　　）按钮，即可新建一个全局变量。

A. 添加

B. 变量

C. 重命名

D. 查找

3. 在 Axure RP 10 中有一种逻辑运算符（　　　）表示"不是"，它能够对表达式结果取反。

A. ！

B. ＝

C. ＋

D. !=

4. 使用关系运算符对其两侧的表达式进行比较，并返回比较结果，比较结果只有真和假两种，也就是（　　　）。

A. True 和 False

B. ＜和＜＝

C. ＞和＞＝

D. 以上都不对

5. 当需要同时为多个条件改变条件判断关系时，可以在相应的条件名称上右击，选择（　　　）命令。

A. 切换为 [如果] 或 [否则]

B. OnLoadVariable

C. Case

D. False 或 true

7.6.2　填空题

1. 变量分为_____和_____两种。

2. 用户可以使用_____和_____功能调整全局变量的顺序，而使用_____功能会将选中的全局变量删除。

3. 局部变量的作用范围为一个条件里面的一个事务，一个事件里面有多个条件，一个条件里面有多个事务，可见局部变量的作用范围_____。

4. 用户可以为动作设置条件，实现控制动作发生的时机。单击"交互编辑器"对话框中的_____按钮，弹出_____对话框。

5. 表达式是由_____、_____、_____、_____等组合成的公式。

7.6.3　操作题

根据本章所学内容，设计制作计算器 App 原型。

08

第 8 章

函数的使用

Axure RP 10 中的函数能帮助用户获取结果。函数就像一个计算器，它可以被看作获取结果的方法，用户只需要掌握如何使用它，而不需要知道它的计算原理。本章将对函数的概念进行讲解，并对 Axure RP 10 中的函数进行逐一讲解，以帮助读者了解每一个函数的具体含义，并能将其应用到实际的产品原型制作中。

知识目标

● 掌握函数的概念。
● 了解函数的作用。
● 掌握函数的使用方法。

素养目标

● 提升读者的资源整合能力，能够合理调配和利用函数，实现交互效果。
● 具备较强的数据分析能力，能够通过数据分析指导原型设计的优化和改进。

8.1 了解函数

Axure RP 10 中的函数是一种特殊的变量，可以通过函数的调用获得一些特定的值。函数的使用范围很广泛，使用函数能够让产品原型的制作变得更迅速，使产品原型变得更灵活和更逼真。在 Axure RP 10 中只有表达式中能够使用函数。

在"交互编辑器"对话框中添加"设置变量值"动作后，勾选"OnLoadVariable"复选框，单击"值"

选项组中文本框右侧的按钮，如图 8-1 所示。单击弹出的"编辑文本"对话框中的"插入变量或函数"，即可看到 Axure RP 10 自带的函数，如图 8-2 所示。

图 8-1 "交互编辑器"对话框

图 8-2 单击"插入变量或函数"

除了全局变量和布尔类型的函数，还包含中继器/数据集、元件、页面、窗口、鼠标指针、数字、字符串、数学和日期9种类型的函数。

函数的格式是：对象.函数名(参数1，参数2……)。

课堂操作——使用时间函数

步骤 01 使用"文本框"元件、"文本标签"元件和"主要按钮"元件制作图 8-3 所示的页面效果。从左到右依次将"文本框"元件命名为"shi"（见图 8-4）、"fen"和"miao"。

图 8-3 页面效果

图 8-4 设置元件名称

步骤 02 选择"主要按钮"元件，单击"交互"面板上的"新建交互"按钮，添加"单击"事件后再添加"设置文本"动作，在"目标"下拉列表中选择"shi"，单击"值"选项组文本框右侧的按钮，如图 8-5 所示。

步骤 03 单击弹出的"编辑文本"对话框中的"插入变量或函数"，选择"日期"选项下的"getHours()"选项，如图 8-6 所示。

图 8-5 "交互"面板

图 8-6 选择日期函数

步骤 04 单击"确定"按钮，获取小时函数。单击"设置文本"右侧的"添加目标"按钮，分别为其他两个文本框添加函数，如图 8-7 所示。单击"预览"按钮，预览效果如图 8-8 所示。

图 8-7 添加函数

图 8-8 预览效果

8.2 常见函数

Axure RP 10 中的 9 种函数的应用方法各不同，接下来逐一进行介绍。

8.2.1 中继器 / 数据集函数

单击"编辑文本"对话框中的"插入变量或函数"，在"中继器 / 数据集"选项下可以看到 6 个中继器 / 数据集函数，如表 8-1 所示。

表 8-1 中继器 / 数据集函数

函数名称	说明
Repeater	获得当前项的父中继器
visibleItemCount	返回当前页面中所有可见项的数量
itemCount	当前过滤器中项的数量
dataCount	当前过滤器中所有项的个数
pageCount	中继器对象中页的数量
pageindex	中继器对象当前的页数

链接 关于中继器的使用，将在本书的第 9 章中详细讲解，请读者参看相关部分，此处不做详细讲解。

8.2.2 元件函数

单击"编辑文本"对话框中的"插入变量或函数"，在"元件"选项下可以看到 16 个元件函数，如表 8-2 所示。

表 8-2 元件函数

函数名称	说明
This	获取当前元件对象，当前元件指添加事件的元件
Target	获取目标元件对象，目标元件指添加动作的元件
x	获得元件对象的横坐标
y	获得元件对象的纵坐标
width	获得元件对象的宽度

函数名称	说明
height	获得元件对象的高度
scrollX	获取元件对象水平移动的距离
scrollY	获取元件对象垂直移动的距离
text	获取元件对象的文字
name	获取元件对象的名称
top	获取元件对象顶部边界的坐标值
left	获取元件对象左边界的坐标值
right	获取元件对象右边界的坐标值
bottom	获取元件对象底部边界的坐标值
opacity	获取元件对象的不透明度
rotation	获取元件对象的旋转角度

课堂操作——设计制作商品详情页

微课 42

设计制作商品详情页

步骤 01 新建一个 Axure RP 10 文件，将"图片"元件拖曳到页面中并插入图片，将图片命名为"bigpic"，复制图片并调整其位置和大小，将其命名为"pic1"，如图 8-9 所示。继续使用相同的方法导入图片，并将其命名为"pic2"，如图 8-10 所示。

图 8-9　插入图片并命名（1）

图 8-10　插入图片并命名（2）

步骤 02 使用矩形元件创建一个图 8-11 所示的矩形，将其命名为"kuang"。选择"pic1"元件，为其添加"鼠标移入"事件，再添加"设置图片"动作，选择"bigpic"元件，如图 8-12 所示。

图 8-11　创建矩形

图 8-12　选择"bigpic"元件

步骤 03 单击"设置常规状态图片"选项组中的"选择"按钮，选择导入一张图片，如图 8-13 所示。添加"移动"动作，选择"目标"为"kuang"，设置"移动"选项为"To"（到达），如图 8-14 所示。

图 8-13 选择导入图片

图 8-14 设置"移动"选项

步骤 04 单击 x 文本框后的 *fx* 按钮，在"编辑值"对话框中删除数值 0，单击"插入变量或函数"，选择"x"选项，如图 8-15 所示。为了保证边框与图片对齐，通过表达式使图片移动 3 个单位，如图 8-16 所示。

图 8-15 选择函数

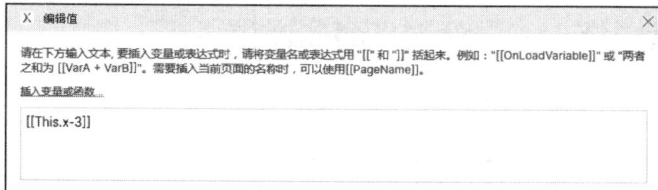

图 8-16 使用表达式

步骤 05 单击"确定"按钮。单击 y 文本框后的按钮，在"编辑值"对话框中进行设置，如图 8-17 所示。单击"确定"按钮，设置动作如图 8-18 所示。

图 8-17 "编辑值"对话框

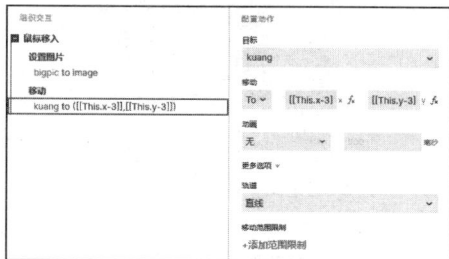

图 8-18 设置动作

步骤 06 使用相同的方法为"pic2"元件添加交互，"交互编辑器"对话框如图 8-19 所示。制作完成后的预览效果如图 8-20 所示。

图 8-19 "交互编辑器"对话框

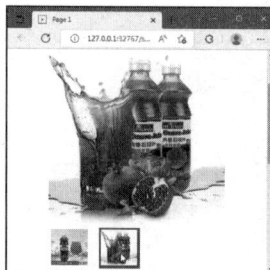

图 8-20 预览效果

Axure RP 互联网产品原型设计（Axure RP 10）（微课版）

8.2.3 页面函数

单击"编辑文本"对话框中的"插入变量或函数"，在"页面"选项下可以看到 1 个页面函数，如表 8-3 所示。

表 8-3 页面函数

函数名称	说明
PageName	获取当前页面的名称

8.2.4 窗口函数

单击"编辑文本"对话框中的"插入变量或函数"，在"窗口"选项下可以看到 4 个窗口函数，如表 8-4 所示。

表 8-4 窗口函数

函数名称	说明
Window.width	获取浏览器的当前宽度
Window.height	获取浏览器的当前高度
Window.scrollX	获取浏览器的水平滚动距离
Window.scrollY	获取浏览器的垂直滚动距离

8.2.5 鼠标指针函数

单击"编辑文本"对话框中的"插入变量或函数"，在"鼠标指针"选项下可以看到 7 个鼠标指针函数，如表 8-5 所示。

表 8-5 鼠标指针函数

函数名称	说明
Cursor.x	获取鼠标指针当前位置的横坐标
Cursor.y	获取鼠标指针当前位置的纵坐标
DragX	在整个拖曳过程中，获取鼠标指针在水平方向上移动的距离
DragY	在整个拖曳过程中，获取鼠标指针在垂直方向上移动的距离
TotalDragX	在整个拖曳过程中，获取鼠标指针在水平方向上移动的距离。可以理解为多次 DragX 的总和。 TotalDragX=DragX TotalDragX=DragX+ 前次 TotalDragX
TotalDragY	在整个拖曳过程中，获取鼠标指针在垂直方向上移动的距离。可以理解为多次 DragY 的总和。 TotalDragY=DragY TotalDragY=DragY+ 前次 TotalDragY
DragTime	鼠标拖曳操作的总时长。从按下鼠标左键到释放鼠标左键的总时长，过程中即使未移动鼠标位置，也计算时长

课堂操作——设计制作产品局部放大效果

步骤 01 新建一个 Axure RP 10 文件，使用"图片"元件插入图片并调整其大小为 400 像素 × 400 像素，将其命名为"pic"，如图 8-21 所示。将"动态面板"元件拖曳到页面中，将其命名为"mask"。双击编辑 State1，为其指定填充图片，如图 8-22 所示，并将其隐藏。

图 8-21　使用"图片"元件

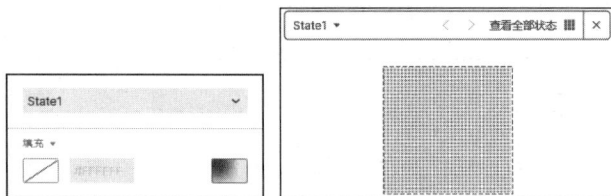

图 8-22　设置填充图片

步骤 02 返回 Page 1 页面，再次拖入一个"动态面板"元件，将其命名为"zoombig"，如图 8-23 所示。双击编辑 State1，导入一张图片，并将其命名为"bigpic"，如图 8-24 所示。

图 8-23　使用"动态面板"元件

图 8-24　编辑动态面板状态

步骤 03 单击"关闭"按钮，返回 Page 1 页面，单击工具栏上的"隐藏"按钮，将"zoombig"元件和"mask"元件隐藏。使用"热区"元件创建一个和图片大小一致的热区，并将其命名为"requ"，如图 8-25 所示。

步骤 04 选中"热区"元件，为其添加"鼠标移入"事件，再添加"显示 / 隐藏"动作，设置各项参数，如图 8-26 所示。

图 8-25　使用"热区"元件

图 8-26　设置参数

步骤 05 添加"鼠标移出"事件，再添加"显示 / 隐藏"动作，如图 8-27 所示。添加"鼠标经过"事件，选中"移动"动作，选择"mask"动态面板，设置"边界"的各项参数，如图 8-28 所示。

图 8-27　设置动作（1）

图 8-28　设置"边界"的各项参数

步骤 06　设置"移动"选项为"到达"，单击 x 文本框右侧的按钮，设置鼠标指针函数如图 8-29 所示。按同样的方式，单击 y 文本框右侧的按钮，设置鼠标指针函数如图 8-30 所示。

图 8-29　设置鼠标指针函数（1）

图 8-30　设置鼠标指针函数（2）

步骤 07　单击"移动"动作右侧的"添加目标"按钮，勾选"bigpic"复选框，选择"移动"选项为"到达"，单击 x 文本框右侧的按钮，单击"添加局部变量"，新建一个局部变量，如图 8-31 所示。输入图 8-32 所示表达式，用来控制大图的显示。

图 8-31　添加局部变量

图 8-32　输入表达式

步骤 08　使用相同的方法设置 y 文本框的值，如图 8-33 所示。单击"确定"按钮，返回 Page 1 页面，单击"预览"按钮，预览效果如图 8-34 所示。

图 8-33　设置动作（2）

图 8-34　预览效果

8.2.6　数字函数

单击"编辑文本"对话框中的"插入变量或函数"，在"数字"选项下可以看到 3 个数字函数，如表 8-6 所示。

表 8-6　数字函数

函数名称	说明
toExponential(decimalPoints)	对象的值转换为指数计数法。decimalPoints 为小数点后保留的小数位数
toFixed(decimalPoints)	将一个数字转换为保留指定小数位数的数字，超出的后面小数位将自动进行四舍五入。decimalPoints 为小数点后保留的小数位数
toPrecision(length)	将数字格式化为指定的长度，小数点不计算长度，length 为指定的长度

8.2.7　字符串函数

单击"编辑文本"对话框中的"插入变量或函数"，在"字符串"选项下可以看到 15 个字符串函数，如表 8-7 所示。

表 8-7　字符串函数

函数名称	说明
length	获取当前文本对象的长度，即字符长度，1 个汉字的长度按 1 计算
charAt(index)	获取当前文本对象指定位置的字符，index 为大于或等于 0 的整数，字符位置从 0 开始计数，0 为第一位
charCodeAt(index)	获取当前文本对象中指定位置字符的 Unicode 编码（中文编码段 19968 ～ 40622）；字符起始位置从 0 开始。index 为大于或等于 0 的整数
concat('string')	将当前文本对象与另外一个字符串组合，string 为组合后显示在后方的字符串
indexOf('searchValue')	从左至右查询字符串在当前文本对象中首次出现的位置。未查询到，返回值为 −1。参数 searchValue 为查询的字符串；start 规定查询的起始位置，官方虽未说明相关内容，但经测试是可用的。官方默认没有 start，则是从文本的最左侧开始查询
lastIndexOf('searchValue')	从右至左查询字符串在当前文本对象中首次出现的位置。未查询到，返回值为 −1。参数 searchValue 为查询的字符串；start 规定查询的起始位置，官方虽未说明相关内容，但经测试是可用的。官方默认没有 start，则是从文本的最右侧开始查询
replace('searchValue', 'newValue')	用新的字符串替换文本对象中指定的字符串。参数 newValue 为新的字符串，searchValue 为被替换的字符串

函数名称	说明
slice(start,end)	从当前文本对象中截取从指定起始位置到指定结束位置之间的字符串。参数 start 为截取部分的起始位置，该数值可为负数。负数代表从文本对象的尾部开始，−1 表示末位，−2 表示倒数第二位。end 为截取部分的结束位置，可省略，省略则表示从截取起始位置至文本对象的末位。这里提取的字符串不包含结束位置
split('separator',limit)	将当前文本对象中与分隔字符相同的字符转换为 "，"，形成多组字符串，并返回从左开始的指定组数。参数 separator 为分隔字符，分隔字符可以为空，为空时将分隔每个字符为一组；limit 为返回组数，该参数可以省略，省略该参数则返回所有字符串组
substr(start,length)	当前文本对象中从指定起始位置截取一定长度的字符串。参数 start 为截取的起始位置，length 为截取的长度，该参数可以省略，省略则表示从起始位置一直截取到文本对象末尾
substring(from,to)	从当前文本对象中截取从指定起始位置到另一指定位置区间的字符串。参数 from 为指定区间的起始位置，to 为指定区间的结束位置，该参数可以省略，省略则表示从起始位置截取到文本对象的末尾。这里提取的字符串不包含结束位置
toLowerCase()	将文本对象中所有的大写字母转换为小写字母
toUpperCase()	将文本对象中所有的小写字母转换为大写字母
trim	删除文本对象两端的空格
toString()	将一个逻辑值转换为字符串

8.2.8 数学函数

单击 "编辑文本" 对话框中的 "插入变量或函数"，在 "数学" 选项下可以看到 22 个数学函数，如表 8-8 所示。

表 8-8 数学函数

函数名称	说明
+	加，返回前后两个数的和
−	减，返回前后两个数的差
*	乘，返回前后两个数的乘积
/	除，返回前后两个数的商
%	余，返回前后两个数的余数
abs(x)	计算参数值的绝对值，参数 x 为数值
acos(x)	获取一个数值的反余弦弧度值，其范围是 $0 \sim \pi$。参数 x 为数值，范围是 $-1 \sim 1$
asin(x)	获取一个数值的反正弦值，参数 x 为数值，范围是 $-1 \sim 1$

函数名称	说明
atan(x)	获取一个数值的反正切值，参数 x 为数值
atan2(x,y)	获取某一点 (x,y) 的角度值，参数 x、y 为点的坐标数值。返回 $-\pi \sim \pi$ 的值，是从 x 轴正向逆时针旋转到点 (x,y) 经过的角度
ceil(x)	向上取整函数，获取大于或者等于指定数值的最小整数，参数 x 为数值
cos(x)	获取一个数值的余弦函数，返回 $-1 \sim 1$ 的数，参数 x 为弧度数值
exp(x)	获取一个数值的指数函数，计算以 e 为底的指数，参数 x 为数值。返回 e 的 x 次幂。e 代表自然对数的底数，其值近似为 2.71828。如 exp(1)，输出 2.718281828459045
floor(x)	向下取整函数，获取小于或者等于指定数值的最大整数，参数 x 为数值
log(x)	对数函数，计算以 e 为底的对数值，参数 x 为数值
max(x,y)	获取参数中的最大值。参数 "x,y" 表示多个数值，不一定为两个数值
min(x,y)	获取参数中的最小值。参数 "x,y" 表示多个数值，不一定为两个数值
pow(x,y)	幂函数，计算 x 的 y 次幂。参数 x 为底数，x 为大于或等于 0 的数字；参数 y 为指数，y 为整数，不能为小数
random()	随机数函数，返回一个 $0 \sim 1$ 的随机数。例如获取 $10 \sim 15$ 范围内的随机小数，计算公式为 Math.random()*5+10
sin(x)	正弦函数。参数 x 为弧度数值
sqrt(x)	平方根函数。参数 x 为数值
tan(x)	正切函数。参数 x 为弧度数值

课堂操作——设计制作计算器

微课 44

设计制作计算器

Axure RP 互联网产品原型设计（Axure RP 10）（微课版）

步骤 01 新建一个 Axure RP 10 文件。使用"矩形 3"元件、"文本框"元件、"文本标签"元件和"主要按钮"元件完成页面的制作，如图 8-35 所示。分别为"文本框"元件和"主要按钮"元件设置名称，如图 8-36 所示。

图 8-35 设计制作页面

图 8-36 设置元件名称

步骤 02 选择"计算加"按钮元件，添加"单击"事件，单击"添加变量"选项，新建全局变量 a 并设置动作，如图 8-37 所示。使用相同的方法，新建全局变量 b，如图 8-38 所示。

图 8-37 添加并设置全局变量（1）

图 8-38 添加并设置全局变量（2）

步骤 03 添加"设置文本"动作，在"目标"下拉列表中选择"和"选项，单击"值"下拉列表右侧的按钮，插入图 8-39 所示的表达式。单击"确定"按钮，设置动作如图 8-40 所示。

图 8-39 插入表达式

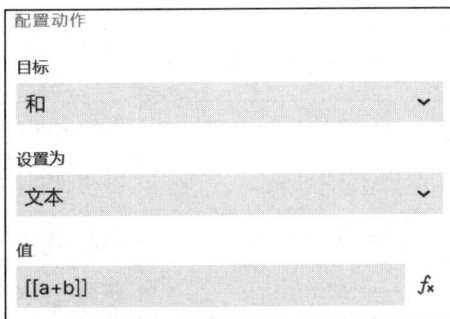

图 8-40 设置动作

步骤 04 单击"确定"按钮，页面效果如图 8-41 所示。单击"预览"按钮，页面预览效果如图 8-42 所示。

图 8-41 页面效果（1）

图 8-42 页面预览效果（1）

步骤 05 使用相同的方法，依次为其他几个"按钮"元件添加交互，完成后的页面效果如图 8-43 所示。页面预览效果如图 8-44 所示。

图 8-43 页面效果（2）

图 8-44 页面预览效果（2）

8.2.9 日期函数

单击"编辑文本"对话框中的"插入变量或函数"，在"日期"选项下可以看到 40 个日期函数，如表 8-9 所示。

表 8-9　日期函数

函数名称	说明
Now	返回计算机系统当前设定的日期和时间值
GenDate	获得生成 Axure 原型的日期和时间值
getDate()	返回 Date 对象属于哪一天的值，可取值范围为 1 ～ 31
getDay()	返回 Date 对象为一周中的哪一天，可取值范围为 0 ～ 6，周日的值为 0
getDayOfWeek()	返回 Date 对象为一周中的哪一天，表示为该天的英文表达，如周六表示为"Saturday"
getFullYear()	获得日期对象的 4 位年份值，如 2015
getHours()	获得日期对象的小时值，可取值范围为 0 ～ 23
getMilliseconds()	获得日期对象的毫秒值
getMinutes()	获得日期对象的分钟值，可取值范围为 0 ～ 59
getMonth()	获得日期对象的月份值
getMonthName()	获得日期对象的月份的名称，根据当前系统时间关联区域的不同，会显示不同的名称
getSeconds()	获得日期对象的秒值，可取值范围为 0 ～ 59
getTime()	获得从 1970 年 1 月 1 日到目前为止的毫秒数
getTimezoneOffset()	返回一个固定值，表示本地时间与协调世界时（UTC）之间的分钟差
getUTCDate()	根据世界标准时间，返回 Date 对象属于哪一天的值，可取值范围为 1 ～ 31
getUTCDay()	根据世界标准时间，返回 Date 对象为一周中的哪一天，可取值范围为 0 ～ 6，周日的值为 0
getUTCFullYear()	根据世界标准时间，获得日期对象的 4 位年份值，如 2015
getUTCHours()	根据世界标准时间，获得日期对象的小时值，可取值范围为 0 ～ 23
getUTCMilliseconds()	根据世界标准时间，获得日期对象的毫秒值
getUTCMinutes()	根据世界标准时间，获得日期对象的分钟值，可取值范围为 0 ～ 59
getUTCMonth()	根据世界标准时间，获得日期对象的月份值
getUTCSeconds()	根据世界标准时间，获得日期对象的秒值，可取值范围为 0 ～ 59
parse(datestring)	格式化日期，返回日期字符串相对 1970 年 1 月 1 日的毫秒数
toDateString()	将 Date 对象转换为字符串

函数名称	说明
toISOString()	返回 ISO 格式的日期
toJSON()	将日期对象进行 JSON（JavaScript Object Notation）序列化
toLocaleDateString()	根据本地日期格式，将 Date 对象转换为日期字符串
toLocaleTimeString()	根据本地时间格式，将 Date 对象转换为时间字符串
toLocaleString()	根据本地日期时间格式，将 Date 对象转换为日期时间字符串
toTimeString()	将日期对象的时间部分转换为字符串
toUTCString()	根据世界标准时间，将 Date 对象转换为字符串
UTC(year,month,day,hour,minutes, sec, millisec)	生成指定年、月、日、小时、分钟、秒和毫秒的世界标准时间对象，返回该时间相对 1970 年 1 月 1 日的毫秒数
valueOf()	返回 Date 对象的原始值
addYears(years)	将某个 Date 对象加上若干年份值，生成一个新的 Date 对象
addMonths(months)	将某个 Date 对象加上若干月份值，生成一个新的 Date 对象
addDays(days)	将某个 Date 对象加上若干天数，生成一个新的 Date 对象
addHours(hours)	将某个 Date 对象加上若干小时数，生成一个新的 Date 对象
addMinutes(minutes)	将某个 Date 对象加上若干分钟数，生成一个新的 Date 对象
addSeconds(seconds)	将某个 Date 对象加上若干秒数，生成一个新的 Date 对象
addMilliseconds(ms)	将某个 Date 对象加上若干毫秒数，生成一个新的 Date 对象

课堂操作——使用日期函数

步骤 01 新建一个 Axure RP 10 文件。将"二级标题"元件拖曳到页面中，修改文本内容如图 8-45 所示。分别将两个元件命名为日期和时间，如图 8-46 所示。

图 8-45 修改文本内容

图 8-46 设置元件名称

步骤 02 选中两个元件，右击，在弹出的快捷菜单中选择"转换为动态面板"命令，如图 8-47 所示。将动态面板命名为"动态时间"，如图 8-48 所示。

图 8-47 转换为动态面板

图 8-48 将动态面板命名为"动态时间"

步骤03 在"大纲"面板中"状态1"项目上右击,选择"创建状态副本"命令,复制效果如图8-49所示。

步骤04 在页面空白处单击,添加"页面载入"事件,再添加"设置动态面板状态"动作,选择"状态"为"下一个",勾选"在第1个到最后1个状态之间循环"复选框,将"Repeat every"(循环间隔)设置为1000毫秒,如图8-50所示。

图 8-49 复制效果

图 8-50 设置动作

步骤05 单击"确定"按钮。选中"动态时间"元件,为其添加"面板状态改变"事件,再添加"设置文本"动作,将"时间"元件设置为"目标",单击"值"下拉列表右侧的 f_x 按钮,在"编辑文本"对话框中插入图8-51所示的表达式。

步骤06 单击"确定"按钮,使用相同方法添加"日期"元件为目标,并创建如图8-52所示的表达式。

图 8-51 插入表达式

图 8-52 "配置动作"参数

> **提示** concat()这个函数是在字符串后面附加字符串,主要是在月、日、时、分、秒之前加上0。substr()这个函数是从字符串的指定位置开始,截取固定长度的字符串,起始位置为0;length的主要功能是取得目标字符串的长度。

步骤07 单击"确定"按钮,再次将"时间"元件设置为目标,设置"时间"元件动作如图8-53所示。继续使用相同的方法为"日期"元件设置动作,"交互编辑器"对话框如图8-54所示。

图 8-53 设置"时间"元件动作

图 8-54 "交互编辑器"对话框

步骤08 单击"确定"按钮,页面效果如图8-55所示。单击工具栏上的"预览"按钮,页面预览效果如图8-56所示。

图 8-55　页面效果

图 8-56　页面预览效果

8.3　本章小结

　　本章主要讲解了 Axure RP 10 中函数的使用方法和技巧。通过本章内容的学习，读者应能在理解函数的概念和作用的同时，熟练掌握常用函数的使用方法和设置技巧，并能够将函数应用到网页原型制作中。

素养拓展

● **本章通过基础知识与课程操作相结合的方法讲解互联网产品原型交互设计过程中函数的使用方法和技巧。在学习过程中，读者应具备创新思维和实践能力，能够运用所学知识，合理调配和利用函数，解决实际问题，并能够根据实际需求，通过数据分析优化和改进原型的交互方案。**

8.4　课后练习——设计制作商品购买页面

微课 46

设计制作商品购买页面

　　掌握 Axure RP 10 中函数的使用方法后，读者应通过多次练习加深对相关知识点的理解。下面设计制作商品购买页面来进一步理解函数的使用。

步骤 01 使用元件完成商品购买页面的制作，如图 8-57 所示。

步骤 02 选择"增加"元件，在"交互编辑器"对话框中添加交互，如图 8-58 所示。

图 8-57　使用元件制作页面

图 8-58　为"增加"元件添加交互

步骤 03 选择"减少"元件，在"交互编辑器"对话框中添加交互，如图 8-59 所示。

步骤 04 单击"确定"按钮，完成交互添加，页面预览效果如图 8-60 所示。

图 8-59　为"减少"元件添加交互

图 8-60　页面预览效果

8.5 课后测试

完成本章内容的学习后，通过几道课后习题检验读者对本章相关知识的学习效果，同时加深读者对所学知识的理解。

8.5.1 选择题

1. 单击（　　）按钮，可以进入"编辑值"对话框。
A. Itemcount
B. fx
C. This
D. Text

2. 下列选项中能实现设置浏览器页面水平滚动的距离的是（　　）。
A. Window.width
B. Window.height
C. Window.scrollX
D. Window.scrollY

3. 下列选项中不属于数字函数的是（　　）。
A. toExponential(decimalPoints)
B. toFixed(decimalPoints)
C. toPrecision(length)
D. TotalDrag

4. 下列选项中不属于日期函数的是（　　）。
A. Now
B. GenDate
C. getTime
D. floor

5. 下列数学函数中，表示返回 x 和 y 两个数的最大值的是（　　）。
A. max(x,y)
B. min(x,y)
C. random()
D. 以上都不是

8.5.2 填空题

1. Axure RP 10 中按照函数功能的不同将函数分为 9 类，分别是＿＿＿＿＿＿、＿＿＿＿＿＿、＿＿＿＿＿＿、＿＿＿＿＿＿、＿＿＿＿＿＿、＿＿＿＿＿＿、＿＿＿＿＿＿和＿＿＿＿＿＿函数。

2. ＿＿＿＿＿＿函数是在字符串后面附加字符串，主要是在月、日、时、分、秒之前加上 0。＿＿＿＿＿＿这个函数是从字符串的指定位置开始，截取固定长度的字符串，起始位置为 0。

3. 获得生成 Axure 原型的日期和时间值的函数为＿＿＿＿＿＿。

4. ＿＿＿＿＿＿函数提取字符串的片段，并返回被提取的部分。

5. ＿＿＿＿＿＿函数返回 x 和 y 两个数的最大值，＿＿＿＿＿＿函数返回 x 和 y 两个数的最小值。

8.5.3 操作题

根据前面所学的内容，设计制作电子日历 App 原型。

09

第 9 章
使用中继器

当产品原型中有重复的对象时，可以使用中继器。使用中继器可以使产品原型效果更加逼真，制作效率更快。本章将对中继器的相关内容进行讲解，帮助读者了解中继器的组成以及掌握中继器 / 数据集和项目列表的操作方法。

知识目标

- 理解中继器的概念。
- 掌握使用中继器元件的方法。
- 掌握数据集的操作方法。
- 掌握项目列表的操作方法。
- 掌握中继器 / 数据集函数的使用。

素养目标

- 具备高度的责任感和敬业精神，能够创新性地使用中继器组件设计产品原型。
- 具备审美情趣和创造力，能够运用中继器组件，实现数据的动态展示和交互。

9.1 中继器元件

"中继器"元件是 Axure RP 中的一款高级元件，是一个存放数据集的容器。用户可以使用中继器显示商品列表、联系人信息列表和数据表等内容，还可以直接通过中继器的数据集表管理重复模式的每个实例中显示的内容。

Axure RP 10 中将"中继器"元件拆分成"中继器 – 表格"元件和"中继器 – 卡片"元件，如图 9–1

所示。两个元件形式不同，但功能相同。

将鼠标指针移动到"中继器－表格"元件或"中继器－卡片"元件上，按住鼠标左键并向页面拖曳，即可完成中继器元件的创建，如图9–2所示。

图9–1　中继器元件

图9–2　创建中继器元件

Axure RP 10允许用户将任何元件转换为中继器。选择页面中的元件，执行"布局 > 转换为中继器"命令，即可将选中元件转换为中继器元件，如图9–3所示。或者在选中元件上右击，在弹出的快捷菜单中选择"转换为中继器"命令或者按快捷键【Ctrl+Shift+Alt+R】，如图9–4所示，也可将当前选中元件转换为中继器元件，如图9–5所示。

图9–3　"转换为中继器"命令（1）

图9–4　"转换为中继器"命令（2）

图9–5　元件转换为中继器

拖曳创建中继器实例或将其他元件实例转换为中继器后，页面中的中继器实例将包含项目和数据集两部分。中继器项目由中继器/数据集中的数据项填充，数据项可以是文本、图片或页面链接。

9.1.1　中继器项目

项目指的是中继器实例由各种元件组成的、可以直观看到的部分。用户可以通过拖曳的方式调整页面中的中继器实例项目的位置，也可以在"样式"面板中的X和Y文本框中输入数值，精确控制中继器实例项目的位置，如图9–6所示。

用户无法在"样式"面板中直接修改中继器实例项目的尺寸，如果想修改图9–7所示的中继器实例项目的尺寸，可以双击该项目，进入项目编辑模式，在编辑模式下修改项目内部内容的大小、位置和排列，如图9–8所示。单击"关闭"按钮，通常情况下项目会自适应调整对应大小，如图9–9所示。

图9–6　控制中继器实例的位置

图9–7　中继器实例项目

图 9-8 调整中继器内部内容

图 9-9 中继器自适应调整大小

> **提示** 在编辑中继器实例项目时，只能看到项目中由元件组成的一个数据表。中继器实例项目即对中继器 / 数据集表的每一行进行重复。

9.1.2 中继器 / 数据集

数据集就是一个数据表，通常用来控制中继器实例项目重复的数据，选中中继器实例，数据集将出现在实例项目的下方，如图 9-10 所示。将鼠标指针移动到数据集顶部位置，按住鼠标左键可以拖曳调整数据集位置，如图 9-11 所示。

图 9-10 中继器 / 数据集

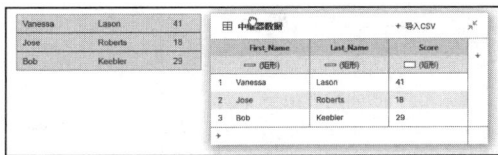

图 9-11 拖曳调整数据集位置

单击数据集右上角的"折叠 / 展开"按钮 ，数据集将折叠显示，折叠后的数据集将显示当前数据集的行数和列数，如图 9-12 所示。再次单击该按钮，即可展开显示数据集，如图 9-13 所示。

图 9-12 折叠显示数据集

图 9-13 展开显示数据集

> **提示** 用户可以通过复制粘贴操作，将 Microsoft Excel 电子表格中的数据粘贴到中继器 / 数据集中。

> **小技巧** 从 Excel 复制到数据集中的数据末尾会有一个多余的空行，为了避免产生错误，要将其删除。

数据集可以包含多行多列。单击数据集底部的"+"行或右侧的"+"列，即可完成行或列的添加，如图 9-14 所示。也可以单击顶部列名右侧的 按钮，在弹出的下拉列表中选择选项，完成重命名列、添加列、删除列和移动列等操作，如图 9-15 所示。

图 9-14 添加行或列

图 9-15 列操作

单击数据集表顶部的"导入 CSV"，可将 CSV 数据导入数据集。导入 CSV 文件时，列和行将根据实际情况自动添加到数据集中。同时，数据集中的现有内容将被覆盖。

课堂操作——为中继器/数据集添加行和列

步骤 01 将"中继器–表格"元件拖曳到页面中创建中继器实例，如图 9-16 所示。将鼠标指针移动到"中继器数据"面板中图 9-17 所示的位置，单击并修改文字内容。

图 9-16 创建中继器实例

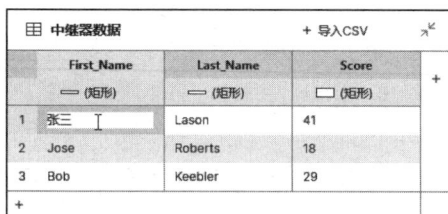

图 9-17 修改数据集数据

步骤 02 中继器实例项目显示效果如图 9-18 所示。继续修改数据集中的数据，实例项目效果如图 9-19 所示。

图 9-18 中继器实例效果

图 9-19 修改数据集效果

步骤 03 单击"中继器数据"表格底部的"+"行，如图 9-20 所示，即可为中继器/数据集添加一行，分别在单元格中单击并输入文字，实例项目效果如图 9-21 所示。

图 9-20 单击"+"行

图 9-21 实例项目效果

步骤 04 双击中继器实例项目，进入项目编辑模式，如图 9-22 所示。按住【Ctrl】键的同时拖曳复制最后一个矩形，效果如图 9-23 所示。

图 9-22 进入项目编辑模式

图 9-23 复制矩形

步骤 05 单击"关闭"按钮，退出项目编辑模式。单击"中继器数据"表格右侧的"+"列，如图 9-24 所示，即可为中继器 / 数据集添加一列，如图 9-25 所示。

图 9-24 单击"+"列

图 9-25 添加一列

步骤 06 修改新加列的列名，单击"连接元件"，选择下拉列表中图 9-26 所示的矩形。在数据集单元格中输入文字，中继器实例项目显示效果如图 9-27 所示。

图 9-26 连接矩形元件

图 9-27 中继器实例项目效果

提示 在创建元件时，建议给元件指定名称，避免在连接元件时出现多个相同的元件，造成选择困难和错误。

9.1.3 项目交互

项目交互主要用于将数据集中的数据传递到产品原型中的元件并显示出来；或者根据数据集中的数据执行相应的动作。

单击"交互"面板上的"新建交互"按钮，即可看到项目交互事件，项目交互只有"载入""项目被载入""项目尺寸改变"3个触发事件，如图9-28所示。

3个触发事件中，比较常用的是"项目被载入"事件。选中中继器元件，在"交互编辑器"对话框中可以看到添加"项目被载入"事件的动作设置，如图9-29所示。

图 9-28 项目交互事件

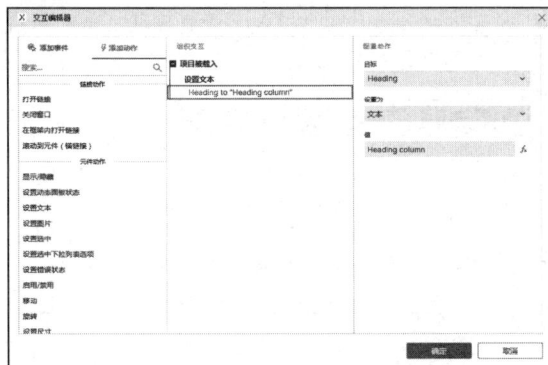

图 9-29 "项目被载入"事件的动作设置

9.1.4 样式设置

选中并双击中继器实例，进入中继器编辑模式，用户可以在"样式"面板中设置其内容的"FILL"（填充）、"边框"和"边距"样式，如图9-30所示。还可以对中继器实例特有的"布局"、"ITEM BACKGROUND COLOR"（背景）和"分页"样式进行设置，如图9-31所示。

图 9-30 设置实例样式

图 9-31 设置中继器元件的特有样式

1. 布局

在"布局"选项组中，默认情况下为"垂直"布局方式，如图9-32所示。若选择"水平"方式，则元件更改为水平布局，如图9-33所示。

图 9-32 垂直布局

图 9-33 水平布局

选择"垂直"布局时，可以在"行距"文本框中输入数值，用来控制行的间距，即文本的上下间距。

选择"水平"布局时,可以在"列距"文本框中输入数值,用来控制列的间距,即文本的左右间距。

　　勾选"换行(网格)"复选框,用户可以以网格的形式排列中继器实例项目内容,并可以设置每行中显示的项目数量,如图9-34所示。每行为2个项目的排列效果如图9-35所示。

图9-34　设置每行中显示项目数量

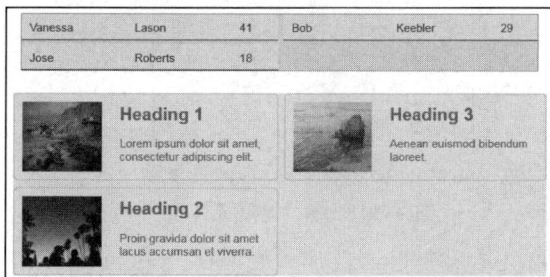

图9-35　每行为2个项目的排列效果

2. ITEM BACKGROUND COLOR(背景)

　　单击"ITEM BACKGROUND COLOR"(背景)选项组中的第一个色块,用户可以在弹出的拾色器面板中为中继器实例设置可编辑区域的背景颜色,如图9-36所示。勾选"交替显示"复选框,单击第二个色块,为中继器背景设置交替背景颜色效果,如图9-37所示。

图9-36　设置中继器实例背景颜色

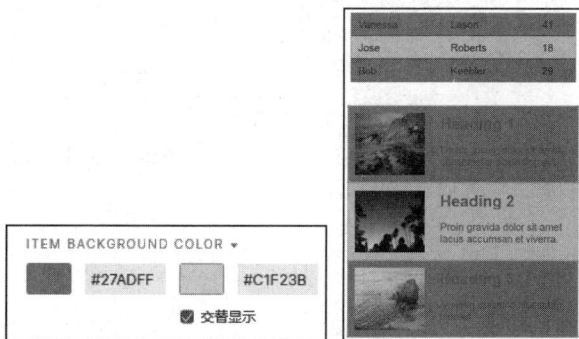

图9-37　设置中继器实例背景交替颜色效果

> **提示**　设置的背景颜色在中继器内容的最底层,有背景的中继器内容会遮挡背景颜色。双击进入中继器编辑模式,将内容填充颜色设置为"无"即可显示背景颜色。

3. 分页

　　中继器实例显示内容较多时,用户可以在"分页"选项组中设置以分页的形式显示中继器实例内容。

　　勾选"Paginate"(多页显示)复选框,用户可以在"每页项目数"文本框中输入每页显示内容的数量,在"起始页"文本框中设置起始显示页码,如图9-38所示。

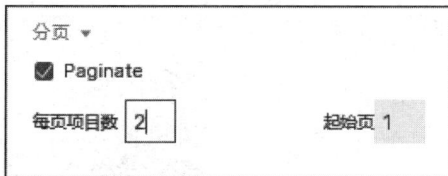

图9-38　设置分页

> **提示**　分页功能主要用于多数据的展示,可以添加交互函数来切换不同页面数据。

课堂操作——使用中继器制作产品页面

步骤 01　新建一个 Axure RP 10 文件。将"中继器-表格"元件从"元件库"面板中拖曳到页面中,如图9-39所示。双击进入项目编辑页面,使用"矩形"元件、"图片"元件和"文

使用中继器制作产品页面

微课 48

本标签"元件完成图 9-40 所示的页面。

图 9-39　使用中继器元件

图 9-40　使用元件制作页面

步骤 02　分别为页面中的元件设置名称，如图 9-41 所示。在数据集中添加列，输入各项产品的数据，并连接对应元件，如图 9-42 所示。

图 9-41　为元件设置名称

图 9-42　输入数据并连接元件

步骤 03　在 Pic 单元格中右击，在弹出的快捷菜单中选择"导入图片"命令，如图 9-43 所示。导入素材图片，完成效果如图 9-44 所示。

图 9-43　"导入图片"命令

图 9-44　导入图片数据集

步骤 04　在"样式"面板的"布局"选项组中选择"水平"选项，勾选"换行（网格）"复选框，设置"每行项目数"为 2，"行距"和"列距"都设置为 10，如图 9-45 所示。页面排列效果如图 9-46 所示。

图 9-45　设置布局

图 9-46　页面排列效果

9.2 数据集的操作

掌握了中继器元件的相关内容后，下面学习一下中继器 / 数据集的操作。用户通过对数据集添加交互，可以完成添加、删除和修改等操作，并能够实时呈现，让产品原型的效果更加丰富、逼真。中继器还具有筛选功能，能够让数据按照不同的条件排列。

9.2.1 设置分页与数量

使用数据集填充中继器项目的数据时，如果希望这些数据能够分页显示，可以通过"样式"面板设置分页。然后通过"设置当前页"动作来动态设置中继器实例项目默认显示的数据页，如图 9-47 所示。

设置每页项目数量，允许改变当前可见的数据项的数量，如图 9-48 所示。

● 显示所有项目：设置中继器在一页中显示所有项。

● 每页显示多少项目：设置中继器每页显示数据项的数量。

图 9-47 设置当前显示页面

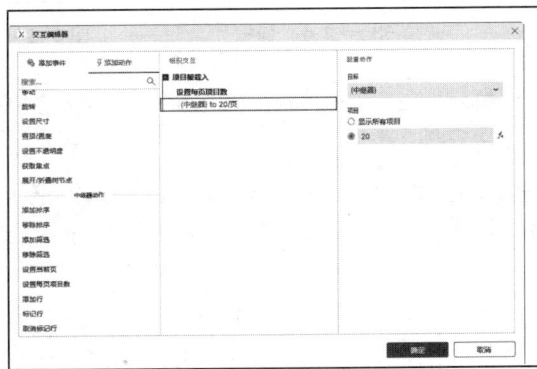

图 9-48 设置每页显示多少项目

微课 49

使用中继器添加分页

课堂操作——使用中继器添加分页

步骤 01 打开 9.1.4 小节中的源文件，页面效果如图 9-49 所示。选中中继器元件实例，单击"交互"面板上的"新增交互"按钮，在弹出的下拉列表中选择"载入"选项，如图 9-50 所示。

图 9-49 页面效果

图 9-50 添加"载入"事件

步骤 02 在弹出的下拉列表中选择"设置每页项目数"动作，选择"中继器"选项，如图 9-51 所示。设置每页显示项目数量为 4，如图 9-52 所示。

步骤 03 单击"确定"按钮，"交互"面板如图 9-53 所示。单击界面右上角的"预览"按钮预览页面，预览效果如图 9-54 所示。设置"样式"面板中"分页"选项组中的参数即可实现分页效果，如图 9-55 所示。

图 9-51　设置中继器每页项目数量

图 9-52　设置每页显示项目数量

图 9-53　"交互"面板

图 9-54　预览效果

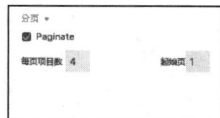

图 9-55　设置分页参数

> **提示**　在"样式"面板中设置的分页效果将直接显示在页面中，而通过脚本实现的效果只能在预览页面时显示。

步骤 04 使用按钮元件创建图 9-56 所示的效果。选中"首页"按钮，在"交互编辑器"对话框中添加"单击"事件，再选择"设置当前页"动作，选择"中继器"选项，选择页面为"值"，页码为 1，如图 9-57 所示。

图 9-56　使用按钮元件

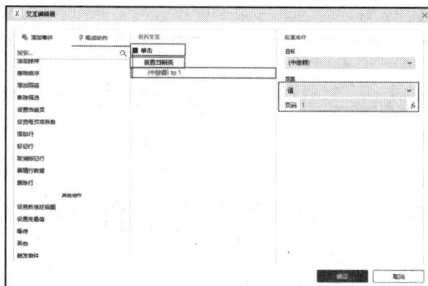

图 9-57　设置当前显示页面

步骤 05 使用同样的方式为"尾页"按钮设置"最后"动作，为"上一页"按钮设置"上一个"动作，为"下一页"按钮设置"下一个"动作，页面效果如图 9-58 所示。

图 9-58　为其他几个按钮添加交互效果

步骤 06 单击"预览"按钮或按快捷键【Ctrl+.】预览页面，效果如图 9-59 所示。

图 9-59　预览页面效果

9.2.2 添加和移除排序

使用中继器的"添加排序"动作可以对数据集中的数据项进行排序,在"交互编辑器"对话框中的"配置动作"选项组中设置各项参数,如图9-60所示。

使用中继器的"移除排序"动作可以移除已添加的排序规则,用户可以在"交互编辑器"对话框中的"配置动作"选项组中选择移除所有设置,或者输入名称移除指定的设置,如图9-61所示。

图9-60 添加排序

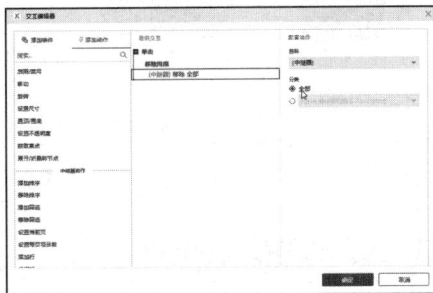

图9-61 移除排序

课堂操作——使用中继器设置排序

步骤01 打开9.2.1小节中的源文件,页面效果如图9-62所示。将按钮元件拖曳到页面中,调整元件大小、位置和文字内容,制作图9-63所示的两个按钮。

图9-62 页面效果

图9-63 使用按钮元件

步骤02 选中"升序排列"按钮元件,在"交互编辑器"对话框中为其添加"单击"事件,选择"添加排序"动作,再选择按照价格进行"升序"排列,如图9-64所示。

步骤03 单击"确定"按钮。选中"降序排列"按钮元件,在"交互编辑器"对话框中为其添加"降序"排列动作,如图9-65所示。

图9-64 "升序"排列

图9-65 "降序"排列

步骤04 单击"确定"按钮,返回Page 1页面,单击"预览"按钮或按快捷键【Ctrl+.】预览页面,效果如图9-66所示。

图 9-66　预览页面效果

9.2.3　添加和移除筛选

使用中继器的"添加筛选"动作，在"配置动作"面板中选择中继器并给中继器添加筛选规则，如 [[Item.price < =45]]，意思是将价格数值小于或等于 45 的数据显示出来，不符合条件的则不显示，如图 9-67 所示。

使用中继器的"移除筛选"动作，可以把已添加的筛选移除，可以选择移除所有筛选，也可以输入筛选名称，移除指定的筛选，如图 9-68 所示。

图 9-67　添加筛选

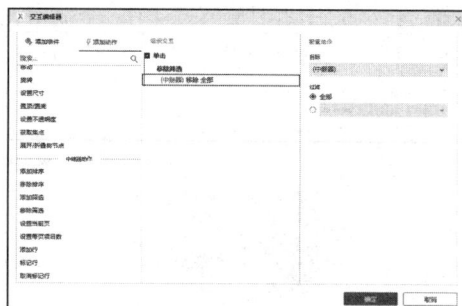

图 9-68　移除筛选

9.2.4　添加和删除中继器的项目

中继器的添加和删除一共包含了添加行、标记行、取消标记行、编辑行数据和删除行 5 种动作。在生成的 HTML 原型中，中继器的项可以被添加和删除，但是要删除特定的行，必须先"标记行"。

● 添加行：使用"添加行"动作可以动态地添加数据到中继器 / 数据集。

● 标记行："标记行"的意思就是选择想要编辑的指定行。

● 取消标记行："取消标记行"动作可以用来取消选择项。使用此动作可以取消标记当前行、取消标记全部行，或者按规则取消标记行。

● 编辑行数据：使用"编辑行数据"动作，可以动态地将值插入已选择的中继器项中，可以编辑已标记的行，也可以使用规则编辑行。例如，首先使用"标记行"动作选中任意一款或多款商品，再使用"编辑行数据"动作将选中商品的销量、价格和评价信息进行更新。

● 删除行：如果已经对中继器 / 数据集中的项进行了标记，则可以使用"删除行"动作删除已经被标记的行。另外，还可以按照规则删除行。

课堂操作——使用中继器实现自增

步骤 01 新建一个 Axure RP 10 文件。将按钮元件拖曳到页面中，修改按钮文字如图 9-69 所示。将"中继器 - 卡片"元件拖曳到页面中生成中继器元件实例，将其命名为"RE"，如图 9-70 所示。

微课 51

使用中继器实现自增

图 9-69 修改按钮文字

图 9-70 命名中继器元件实例

步骤 02 双击进入中继器编辑模式，删除多余元件，效果如图 9-71 所示。单击"关闭"按钮，修改数据集数据，如图 9-72 所示。

图 9-71 编辑中继器实例

图 9-72 修改数据集数据

步骤 03 选择"增加"按钮，在"交互编辑器"对话框中为其添加"单击"事件，选择"添加行"动作，选择"RE"元件，如图 9-73 所示。单击"添加行"按钮，再单击"添加行到中继器"对话框中的 ✔ 按钮，如图 9-74 所示。

图 9-73 添加"添加行"动作

图 9-74 "添加行到中继器"对话框

步骤 04 单击"编辑值"对话框中的"添加局部变量"，添加图 9-75 所示的局部变量。在"插入变量和函数"下方的文本框中输入图 9-76 所示的函数。

图 9-75　添加局部变量

图 9-76　输入函数

步骤 05 连续单击"确定"按钮，页面效果如图 9-77 所示。单击"预览"按钮，页面预览效果如图 9-78 所示。

图 9-77　页面效果

图 9-78　页面预览效果

9.3　项目列表的操作

　　中继器中的项目列表通常按照输入数据的顺序进行显示。用户可以通过添加交互的方式，实现更加丰富的显示效果，例如显示当前页码和总页码。

课堂操作——使用中继器显示页码

步骤 01 打开 9.2.2 小节中的源文件，选中中继器元件实例，设置其名称为 chuanpin，页面效果如图 9-79 所示。将"文本标签"元件拖曳到页面中，设置元件大小、位置和文本，如图 9-80 所示。

图 9-79　页面效果

图 9-80　使用"文本标签"元件

步骤 02 使用"文本标签"元件创建图 9-81 所示的文本标签。分别为两个"文本标签"元件实例设置名称，如图 9-82 所示。

微课 52

使用中继器显示页码

图 9-81　创建文本标签

图 9-82　为元件设置名称

步骤 03　选择中继器元件实例，单击"新增元件"按钮，选择"项目被载入"事件，再选择"设置文本"动作，设置各项参数如图 9-83 所示。单击"编辑文本"按钮，单击"输入文本"对话框下方的"添加局部变量"进行设置，如图 9-84 所示。

图 9-83　设置文本

图 9-84　添加局部变量

步骤 04　单击"插入变量或函数"，插入表达式并在右侧设置显示文本样式，如图 9-85 所示。连续单击"确定"按钮两次，"交互"面板如图 9-86 所示。

图 9-85　插入表达式并设置显示文本样式

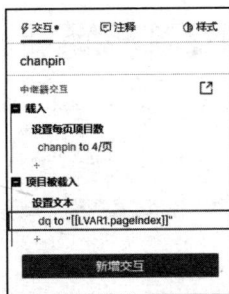

图 9-86　"交互"面板

步骤 05　将鼠标指针移动到"设置文本"动作上，单击后面的"添加目标"按钮，将"all"元件设置为目标，如图 9-87 所示。使用相同的方法添加局部变量并插入表达式，"交互"面板如图 9-88 所示。

图 9-87　添加"all"为目标

图 9-88　"交互"面板

> **提示** 为了保证每一个分页面都能够正确显示总页数和当前页数，需要将显示页码的事件添加到所有控制按钮上。

步骤 06 选择刚刚创建的"设置文本"动作，如图 9-89 所示。右击，在弹出的快捷菜单中选择"复制"命令或按快捷键【Ctrl+C】，如图 9-90 所示。

图 9-89 选中"设置文本"动作

图 9-90 复制动作

步骤 07 选择"首页"按钮，在"交互"面板中右击，在弹出的快捷菜单中选择"粘贴"命令，"交互"面板如图 9-91 所示。继续使用相同的方法，复制动作到其他几个按钮上，如图 9-92 所示。

图 9-91 "交互"面版

图 9-92 粘贴动作

步骤 08 单击工具栏上的"预览"按钮，预览产品原型的效果，如图 9-93 所示。

图 9-93 预览产品原型的效果

9.4 本章小结

本章主要对中继器元件进行了讲解，介绍了中继器的基本组成，帮助读者理解中继器的概念并熟练使用"中继器 – 表格"元件和"中继器 – 卡片"元件，同时通过案例的形式向读者介绍了中继器 / 数据集的使用方法和技巧。熟练掌握中继器的使用方法，有利于读者设计较为复杂的网站原型效果。

素养拓展

● 本章通过基础知识与课程操作相结合的方法讲解互联网产品原型设计制作过程中中继器的使用方法和技巧。在学习过程中，读者应具备逻辑思维能力和问题解决能力，学会独立思考，提升问题解决能力，通过中继器与其他组件的组合使用，创造出丰富的交互效果和用户体验。

9.5 课后练习——设计制作模糊搜索

微课 53

设计制作模糊搜索

掌握 Axure RP 10 中中继器的创建与编辑方法后，读者应多次练习加深对相关知识点的理解。接下来通过设计制作模糊搜索效果的案例，进一步理解中继器的使用。

步骤 01 使用元件完成商品购买页面的制作，并在"样式"面板中输入数据集，如图 9-94 所示。

步骤 02 选中中继器元件，在"交互编辑器"对话框中添加交互，如图 9-95 所示。

图 9-94 使用元件制作页面

图 9-95 为中继器元件添加交互

步骤 03 选中"文本框"元件，在"交互编辑器"对话框中添加交互，如图 9-96 所示。

步骤 04 单击"确定"按钮，完成交互添加，预览页面效果如图 9-97 所示。

图 9-96 为"文本框"元件添加交互

图 9-97 预览页面效果

9.6 课后测试

完成本章内容的学习后，通过几道课后习题检验读者对本章相关知识的学习效果，同时加深读者对所学知识的理解。

9.6.1 选择题

1. 下列选项中不能作为中继器 / 数据集内容的是（　　　）。

A. 文本

B.　视频

C.　图片

D.　页面链接

2.　默认情况下，中继器元件实例的显示数量与中继器数据面板中显示数量相同。默认"中继器－表格"元件为3列（　　　）行。

A.　1

B.　2

C.　3

D.　4

3.　用户可以在"每页项目数"文本框中输入每页项目的数量，在（　　　）文本框中设置起始页码。

A.　起始页

B.　分页

C.　项目数

D.　多页显示

4.　下列选项中不属于添加和删除中继器项目的是（　　　）。

A.　添加行

B.　更新行

C.　标记行

D.　移除筛选

5.　中继器动作中可以使用（　　　）动作控制中继器添加行、标记行和更新行等操作。

A.　数据集

B.　标记行

C.　选项组

D.　单选组

9.6.2　填空题

1.　双击中继器实例数据集列名可以对其进行编辑。需要注意的是，列名只能由＿＿＿＿＿＿、＿＿＿＿＿＿和"_"组成，且不能以＿＿＿＿＿＿开头。

2.　从Excel复制到中继器实例数据集中的数据末尾会有一个多余的空行，为了避免错误，要将其＿＿＿＿＿＿。

3.　中继器实例项目交互只有3个触发事件：＿＿＿＿＿＿、＿＿＿＿＿＿和＿＿＿＿＿＿。

4.　在"布局"选项组中，默认情况下为＿＿＿＿＿＿布局方式。选择＿＿＿＿＿＿方式，元件则更改为水平布局。

5.　中继器具有＿＿＿＿＿＿功能，能够让数据按照不同的条件排列。

9.6.3　操作题

根据前面所学的内容，设计制作电子商务产品列表页面。

10

第 10 章
团队合作与输出

　　Axure RP 10 允许多人参与同一个项目的开发，团队中的每个人都会分到一个或多个项目模块，每个模块之间都有联系。原型设计制作完成后，需要将其发布与输出，以供使用。本章主要向用户介绍 Axure RP 10 中团队项目合作的功能和方法，同时对 Axure RP 10 发布与输出产品原型的功能进行讲解。

知识目标

- 掌握创建团队项目的方法。
- 了解 Axure Cloud。
- 掌握发布到 Axure Cloud 的方法。
- 掌握在浏览器中查看产品原型的方法。
- 了解各种生成器的使用方法。

素养目标

- 具备团队协作精神，能够积极参与团队讨论和分享，共同推动原型项目的进展。
- 关注行业动态和技术发展，能够根据不同行业需求正确输出不同格式文件。

10.1　使用团队项目

　　一个大的项目通常不是一个人完成的，需要几个甚至几十个人共同来完成。使用团队项目可以使团队中的所有成员及时共享最新信息，并全程参与到项目的研发制作中。

10.1.1　创建团队项目

执行"文件 > 新建"命令，新建一个 Axure RP 10 文件。执行"团队 > 从当前文件创建团队项目"命令，即可开始创建团队项目，如图 10-1 所示。

图 10-1　从当前文件创建团队项目

用户也可以执行"文件 > 新建团队项目"命令，如图 10-2 所示，在弹出的"创建团队项目"对话框中创建项目，如图 10-3 所示。

图 10-2　新建团队项目　　　　**图 10-3　"创建团队项目"对话框**

用户可以在"团队项目名称"文本框中输入团队项目名称，以便团队人员查找和参与团队项目，如图 10-4 所示。第一次创建团队项目需要新建工作空间，用来保存项目，用户可以在"新建工作空间"文本框中输入空间名称，如图 10-5 所示。

图 10-4　输入团队项目名称　　　　**图 10-5　输入工作空间名称**

> **提示**　在给团队项目命名时，要选取简短的项目名称，名称中如果包含多个独立的单词，要使用连字符或者大写首字母，不要出现空格。因为项目名称会在 URL 中使用，所以要避免空格。

用户如果已经创建过工作空间，可以单击"Choose Existing Workspace"（选择已存在的工作空间），在 Axure Cloud 中选择即可。

单击"创建团队项目"按钮，Axure RP 10 开始创建团队项目，如图 10-6 所示。稍等片刻即可完成团队项目的创建，如图 10-7 所示。

单击"保存团队项目文件"按钮，即可将项目文件保存到本地，如图 10-8 所示。单击"打开团队项目文件"按钮，即可打开当前项目文件，项目文件图标如图 10-9 所示。

图 10-6　创建团队项目　图 10-7　完成团队项目的创建　　　图 10-8　将项目文件保存到本地　　　图 10-9　项目文件图标

10.1.2　加入团队项目

用户可以在"创建团队项目"对话框中选择"Invite Users"（邀请用户）和"Make URL Public"（创建 URL 公布）两种方式邀请团队人员加入项目，如图 10-10 所示。

1. 邀请用户

单击"Invite Users"（邀请用户）按钮，即可打开"Axure Cloud"页面，如图 10-11 所示。在"Enter emails, separated by commas"（输入邮箱地址）文本框中输入一个或多个邮箱地址，在"Optional Message"（邀请信息）文本框中输入邀请信息，单击"Invite"（邀请）按钮，即可将邀请信息发送到用户邮箱，如图 10-12 所示。

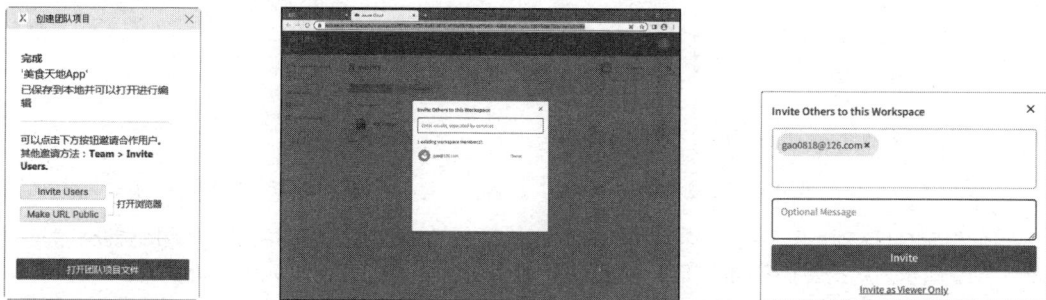

图 10-10　两种邀请方式　　　图 10-11　打开 Axure Cloud 页面　　　图 10-12　输入邮箱和邀请信息

2. 创建 URL 公布

单击"创建 URL 公布"按钮，也可打开"Axure Cloud"页面，将鼠标指针移动到项目文件上，单击"Preview"（预览）按钮将预览当前页面，如图 10-13 所示。单击"Inspect"（查看）按钮将检查当前页面，如图 10-14 所示。

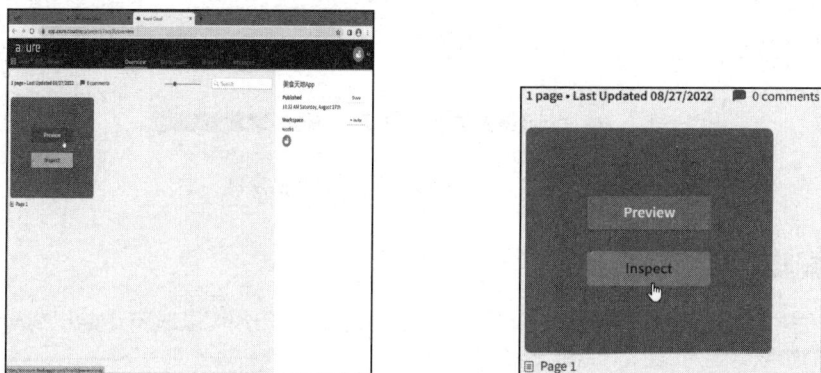

图 10-13　预览当前页面　　　　　图 10-14　检查当前页面

单击页面右侧的"Share"（分享）按钮，在弹出的对话框中单击激活"Enable Share Link"（允许分享）选项，如图 10-15 所示。单击"Copy"（复制）按钮复制链接地址或页面地址后关闭对话框。单击"Invite"（邀请）按钮，在弹出的对话框中输入邀请用户邮箱，单击"Invite"（邀请）按钮，即可将邀请信息发送到用户邮箱，如图 10-16 所示。

图 10-15　单击"Share"（分享）按钮

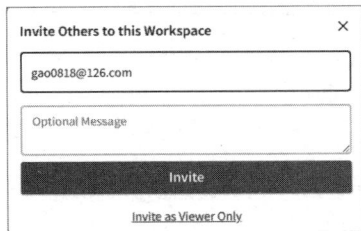

图 10-16　单击"Invite"（邀请）按钮

10.1.3　打开团队项目

执行"文件 > 获取和打开团队项目"命令，或者执行"团队 > 获取和打开团队项目"命令，如图 10-17 所示，弹出"获取团队项目"对话框，如图 10-18 所示。

图 10-17　执行命令

图 10-18　"获取团队项目"对话框

单击"选择团队项目"下拉列表右侧的 ⋯ 按钮，用户可以在弹出的下拉列表中选择想要打开的项目，如图 10-19 所示。单击"获取团队项目"按钮，稍等片刻，即可打开团队项目，如图 10-20 所示。

单击"保存团队项目文件"按钮，即可将团队项目文件保存在本地。单击"打开团队项目文件"按钮，即可将项目文件打开。打开后的项目页面将显示在"页面"面板中，如图 10-21 所示。

图 10-19　选择项目

图 10-20　打开团队项目

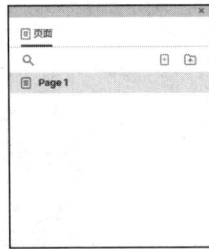

图 10-21　"页面"面板

10.1.4　编辑项目文件

单击页面右侧的蓝色图标，弹出图 10-22 所示的下拉列表。用户可以选择"检出"选项将页面检出，检出页面右侧的图标将变为绿色，如图 10-23 所示。

图 10-22 下拉列表（1）

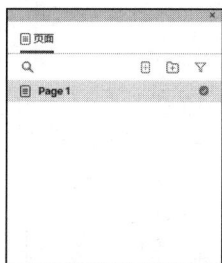

图 10-23 检出页面

页面编辑完成后，单击页面右侧的绿色图标，在弹出的下拉列表中选择"检入"选项将页面检入，如图 10-24 所示。"进度"对话框如图 10-25 所示。

图 10-24 下拉列表（2）

图 10-25 "进度"对话框

检入过程中将弹出"检入"对话框，如图 10-26 所示。用户可以在该对话框中查看检入的项目并输入检入注释，如图 10-27 所示。

图 10-26 "检入"对话框

图 10-27 输入检入注释

单击"确定"按钮，继续检入操作，检入完成后，页面右侧的图标将重新变为蓝色图标，如图 10-28 所示。团队的其他成员可以单击该图标，在弹出的下拉列表中选择"获得变更"选项，将当前页面更新为最新版本，如图 10-29 所示。

图 10-28 完成检入

图 10-29 更新页面

用户也可以执行团队菜单下的命令完成对团队项目的各种操作，如图 10-30 所示。例如执行"团队 > 浏览团队项目历史记录"命令，用户可以在网页中查看当前项目的所有操作记录，如图 10-31 所示。

图 10-30　团队菜单

图 10-31　浏览团队项目历史记录

10.2　使用 Axure Cloud

Axure Cloud 是 Axure 官方提供的一个原型分享服务平台。Axure Cloud 目前托管在亚马逊网络服务平台，是一个非常可靠和安全的云环境。用户可以登录 Axure Cloud 官方网站查看，如图 10-32 所示。

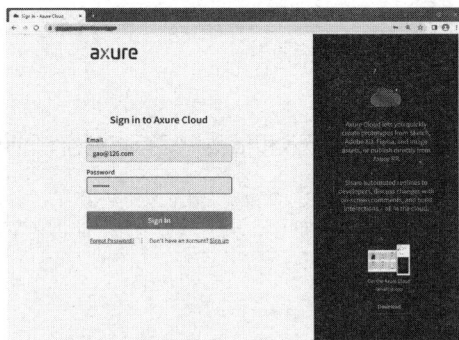

图 10-32　Axure Cloud 官方网站

10.2.1　创建 Axure Cloud 账号

目前，Axure Cloud 已全部免费。每个账号允许创建 100 个项目，每个项目的大小限制为 100MB。

在使用 Axure Cloud 之前，用户需要注册一个账号，执行"账号 > 登录您的 Axure 账号"命令，如图 10-33 所示，弹出"登录"对话框，如图 10-34 所示。

> **提示**　用户如果已经注册了 Axure 账号，可以在"登录"对话框中输入账号名称和密码后，单击"Signin"（登录）按钮登录账号。

图 10-33　执行命令

图 10-34　"登录"对话框

单击"登录"对话框右下角的"Sign up"（注册）按钮，弹出"注册"对话框，如图 10-35 所示。输入注册邮箱和密码后，单击"Create Account"（创建账号）按钮，即可完成 Axure 账号的注册。

创建账号后，将会自动在 Axure RP 10 中登录该账号，用户名称显示在界面的右上角。用户可以单击界面右上角的下拉按钮查看和管理账号，如图 10-36 所示。

图 10-35　"注册"对话框

图 10-36　查看和管理账号

10.2.2　发布到 Axure Cloud

用户可以将原型托管在 Axure Cloud 上并分享给利益相关者。使用 HTML 原型的讨论功能可以让利益相关者与设计团队进行离线讨论。

单击 Axure RP 10 工具栏上的"共享"按钮，如图 10-37 所示，弹出"发布项目"对话框，在顶部的下拉列表中选择"发布到 Axure Cloud"选项，如图 10-38 所示。

图 10-37　"共享"按钮

图 10-38　"发布项目"对话框

> **提示**　执行"发布 > 发布到 Axure Cloud"命令，也可以打开"发布项目"对话框，完成将项目发布到 Axure Cloud 的操作。

1. 发布到 Axure Cloud

选择"发布到 Axure Cloud"选项，输入项目名称和"分享链接的密码（选填）"后，单击"发布"按钮，稍等片刻，即可将当前项目发送到 Axure Cloud，如图 10-39 所示。

单击 Share Link 选项后的"Copy"（复制）按钮复制链接。打开浏览器，将复制的内容粘贴到地址栏，即可打开共享页面，如图 10-40 所示。

图 10-39　发布到 Axure Cloud

图 10-40　打开 Axure Cloud 页面

如果在"发布项目"对话框中"分享链接的密码（选填）"文本框中设置了密码，则需要在"Access Code"（共享码）文本框中输入共享链接密码，再单击"View Project"（预览项目）按钮，才能打开共享的项目，如图 10-41 所示。

2．发布到本地

选择"Publish Locally"（发布到本地）选项，为项目制定本地目录后，单击"发布到本地"按钮，即可将项目文件发布到本地设备的指定位置，如图 10-42 所示。

图 10-41　输入共享链接密码

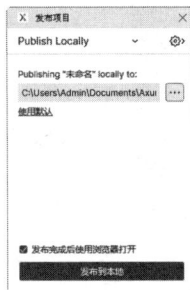

图 10-42　发布到本地

3．管理服务器

选择"Manage Accounts"（管理服务器）选项，弹出"管理 Axure Cloud 账号"对话框，用户在该对话框中可以完成账号的添加、编辑、退出和移除操作，如图 10-43 所示。

单击"确定"按钮，弹出"发布项目"对话框。单击"发布项目"对话框中的按钮，展开项目输出配置选项，如图 10-44 所示。用户可以分别对项目的页面、注释、交互或字体进行配置。

图 10-43　"管理 Axure Cloud 账号"对话框

图 10-44　展开项目输出配置选项

10.3　发布查看原型

当项目完成后，单击 Axure RP 10 工具栏中的"预览"按钮或者按快捷键【Ctrl+.】，即可在浏览器中查看原型效果，预览按钮如图 10-45 所示。用户也可以执行"发布 > 预览"命令，实现在浏览器中查看产品原型效果，如图 10-46 所示。

执行"发布 > 预览选项"命令，可以在弹出的"预览选项"对话框中设置打开项目的"浏览器"和"工具栏"属性，如图 10-47 所示。

图 10-45　"预览"按钮

图 10-46　"预览"命令

图 10-47　"预览选项"对话框

1. 浏览器

- 默认浏览器：在用户计算机中设置的默认浏览器中打开项目文件。
- Edge：项目文件将在指定的 Edge 浏览器中打开。

> **提示** 如果系统中安装了其他浏览器，Axure RP 10 则会自动识别出并将其添加到"预览选项"对话框"浏览器"选项组中供用户选择使用。

2. 工具栏

- Default（默认）：选择此选项，浏览器将在页面顶部显示页面列表。
- 展开：选择此选项，预览产品原型时将把页面列表显示在页面的左侧，如图 10-48 所示。
- 最小化：选择此选项，预览产品原型时将隐藏工具栏和页面列表，如图 10-49 所示。单击浏览器窗口左上角位置，即可显示工具栏和页面列表。

图 10-48 左侧显示页面列表

图 10-49 隐藏工具栏和页面列表

10.4 使用生成器

在输出项目文件之前，要了解生成器的概念。生成器就是为用户提供的不同的生成标准。在 Axure RP 10 中包含 HTML 和 Word 两种生成器。用户可以在"发布"菜单下找到这两种生成器，如图 10-50 所示。

图 10-50 发布菜单

10.4.1 HTML 生成器

执行"发布 > 生成 HTML 文件"命令，如图 10-51 所示，弹出"发布项目"对话框，如图 10-52 所示。

图 10-51 执行"发布 > 生成 HTML 文件"命令

图 10-52 "发布项目"对话框

在"发布项目"对话框中可以配置"HTML 1（default）"生成器的选项，如图10-53所示。也可以单击"HTML 1（default）"选项，在弹出的下拉列表中选择"New Configuration"（新建配置）选项，创建多个不同的HTML生成器，如图10-54所示。

图 10-53　"HTML 1（default）"生成器　　　图 10-54　选择"New Configuration"（新建配置）选项

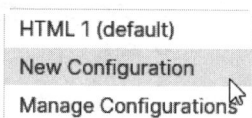

提示　通过创建多个HTML生成器的方式，可以将大型项目中的页面切分成多个部分输出，加快生成的速度。

"发布项目"对话框中HTML生成器各选项卡介绍如下。

1. 页面

用户可以在"页面"选项卡中选择发布的页面，默认情况下，将发布全部页面，如图10-55所示。取消勾选"发布所有页面"复选框后，可以在下方列表中任意选择要发布的页面，如图10-56所示。

图 10-55　发布全部页面　　　　　　　图 10-56　选择要发布的页面

当项目文件中页面过多时，用户可以单击"全部""无""选择子页面""取消选择子页面"4个按钮快速完成发布页面的选择，如图10-57所示。

图 10-57　页面选择按钮

2. 注释

用户可以在"注释"选项卡中选择发布文件中是否包含"元件注释"和"页面注释"，让HTML文档的页面说明更加结构化，如图10-58所示。

3. 交互

用户可以在"交互"选项卡中对"用例行为"和"带引用页的元件"进行设置，以确保能够获得更好的页面交互效果，如图10-59所示。

图 10-58 "注释"选项卡

图 10-59 "交互"选项卡

4. 字体

在 Axure RP 10 中默认字体是 Arial 字体，用户可以在"字体"选项卡中添加字体和字体映射，获得更好的页面预览效果，如图 10-60 所示。

图 10-60 "字体"选项卡

执行"发布>在 HTML 中重新生成当前页面"命令，可以再次发布当前页面的 HTML 文件，发布后将覆盖以前发布的页面。

> **提示** 对于响应式的 Web 项目文件，HTML 原型是较好的展示方式。

10.4.2　Word 生成器

用户可以使用 Word 生成器将原型文件输出为 Word 说明文件。Axure RP 10 默认对 Word 2007 支持得比较好，并自带 Office 兼容包，生成的文件格式是 Docx。如果需要低版本的 Word 文件，则需要通过转化的方式来获得。

执行"发布>生成 Word 规格说明书"命令，如图 10-61 所示。用户可以在弹出的"生成规格说明书"对话框中完成 Word 说明书的创建，如图 10-62 所示。

图 10-61　生成 Word 规格说明书

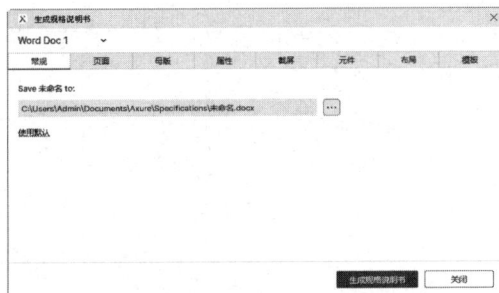

图 10-62　"生成规格说明书"对话框

"生成规格说明书"对话框中各选项卡介绍如下。

1. 常规

在该选项卡下，用户可以设置生成的 Word 说明书的位置和名称。

2．页面

在该选项卡下，用户可以选择 Word 说明书中包含的内容。其和 HTML 生成器中的页面说明一样，可以让页面更加结构化，如图 10-63 所示。

3．母版

在该选项卡下，用户可以选择需要出现在 Word 说明书中的母版和形式，如图 10-64 所示。

图 10-63　"页面"选项卡

图 10-64　"母版"选项卡

4．属性

在该选项卡下，用户可以选择生成 Word 说明书时是否包含页面注释，是否显示页面注释名称为标题，是否使用标题基础样式，还可以选择并拖动页面注释字段来排序，如图 10-65 所示。

5．截屏

Axure RP 10 生成 Word 说明书功能的一个特别节省时间的方式就是自动生成所有页面的截屏。在该选项卡下，用户可以设置所有页面的屏幕快照都自动更新，还可以同时创建脚注等，如图 10-66 所示。

图 10-65　"属性"选项卡

图 10-66　"截屏"选项卡

6．元件

在该选项卡下为元件提供了多种选项配置功能，可以对 Word 文档中包含的元件说明信息进行管理，如图 10-67 所示。

7．布局

在该选项卡下提供了 Word 说明书页面布局的选择，用户可以选择采用单列或多列的方式排列页面，如图 10-68 所示。

图 10-67　"元件"选项卡

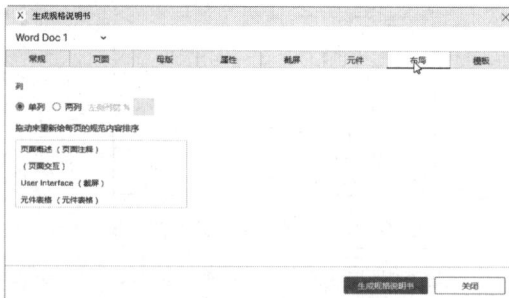

图 10-68　"布局"选项卡

8. 模板

在该选项卡下用户可以完成 Word 说明书中模板的设置。用户可以选择使用 Word 内置样式或 Axure 默认样式创建模板文件，并将模板文件应用到 Word 说明书中，如图 10-69 所示。设置完各项参数后，单击"生成规格说明书"按钮，即可完成 Word 说明书的创建。Word 说明书如图 10-70 所示。

图 10-69　"模板"选项卡

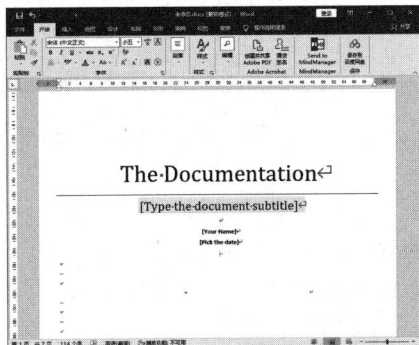

图 10-70　Word 说明书

> **提示**　在输出项目文件时，Word 文档是最重要的，也是最容易输出的。

10.4.3　更多生成器

除了 HTML 生成器和 Word 生成器，Axure RP 10 还提供了 CSV 生成器和打印生成器两种生成器。执行"发布 > 更多生成器和配置"命令，如图 10-71 所示，打开"生成器配置"对话框，如图 10-72 所示。

图 10-71　执行命令

图 10-72　"生成器配置"对话框

1. CSV 生成器

CSV 生成器可以生成 CSV 格式的文件。CSV 格式是一种通用的、相对简单的文件格式，在商业领域和科学领域广泛应用。对其最广泛的应用是在程序之间转移表格数据，而这些程序本身是以不兼容的格式进行操作的（往往是私有的和 / 或无规范的格式）。因为大量程序都支持某种 CSV 文件格式，CSV 文件格式也作为一种可选择的输入或输出格式。

> **提示**　CSV 文件格式由任意数目的记录组成，各记录之间以某种换行符分隔；每条记录由字段组成，各字段之间的分隔符是其他字符或字符串，最常见的是逗号或制表符。通常，所有记录都有完全相同的字段序列。

选择"生成器配置"对话框中的"CSV Report 1"选项，如图 10-73 所示。单击"生成"按钮或者双击"CSV Report 1"选项，在弹出的"生成 CSV 报表"对话框中设置 CSV 报表属性后，单击"创建 CSV 报表"按钮，即可完成 CSV 报表的生成，如图 10-74 所示。

图 10-73 选择"CSV Report 1"选项

图 10-74 设置 CSV 报表属性

2. 打印生成器

打印生成器是指如果需要定期打印不同的页面或母版，可以创建不同的打印配置项，这样就不需要每次都重新去配置打印属性。如果正在从 RP 文件里打印多个页面，不必频繁地重复调整打印配置，可以为每个需要打印的页面创建单独的打印配置。

> **提示** 在打印时，用户可以配置想打印页面的比例，这样，无论是只有几页还是文件的一整节，打印一组模板都会变得非常简单。

选择"生成器配置"对话框中的"Print 1（default）"选项，如图 10-75 所示。单击"生成"按钮或者双击"Print 1（default）"选项，在弹出的"Print"（打印）对话框中设置打印属性后，单击"打印"按钮，即可开始打印项目页面，如图 10-76 所示。

图 10-75 选择"Print 1（default）"选项

图 10-76 设置打印属性

> **提示** 为了确保打印的正确性，用户可以在完成各项参数的设置后，单击"打印"对话框底部的"预览"按钮，在"Axure 打印预览"对话框中预览打印效果。

10.5 本章小结

本章讲解了 Axure RP 10 中使用团队项目的方法以及项目完成后的发布与输出，帮助读者熟练掌握创建、加入、打开和编辑团队项目的流程，使读者深刻体会使用团队项目的优势。同时还帮助读者掌握将原型文件输出为不同格式的流程，以及 HTML 生成器和 Word 生成器的使用方法。

素养拓展

● **本章通过基础知识与课程操作相结合的方法讲解互联网产品原型设计制作过程中团队合作与输出的相关知识。在学习过程中，读者应具备团队协作能力，能够与团队成员有效沟通、协作，共同完成互联网产品原型的设计制作任务，同时能够根据产品的发布平台选择输出正确的文件格式。**

10.6　课后练习——完成团队项目的检入与检出

掌握 Axure RP 10 中团队合作和输出的方法后，读者应多次练习加深对相关知识点的理解。接下来通过完成团队项目的检入与检出的案例，进一步理解团队合作与输出的相关知识。

步骤 01　打开完成的项目文件，创建团队项目，如图 10-77 所示。

步骤 02　本地保存项目文件，如图 10-78 所示。

步骤 03　执行"团队 > 检出所有"命令，将项目文件全部检出，如图 10-79 所示。

步骤 04　对项目文件进行编辑处理后，执行"团队 > 检入所有"命令，将项目文件全部检入，如图 10-80 所示。

图 10-77　创建团队项目

图 10-78　本地保存项目文件

图 10-79　检出全部项目文件

图 10-80　检入全部项目文件

10.7　课后测试

完成本章内容的学习后，通过几道课后习题检验读者对本章相关知识的学习效果，同时加深读者对所学知识的理解。

10.7.1　选择题

1.　共享项目位置不可以创建在（　　　）。

A.　共享的网络硬盘

B.　本地服务器

C.　公司共享的 SVN 服务器

D.　SVN 托管服务器

2. 当项目完成后，单击工具栏中的"预览"按钮或按（ ），即可在浏览器中查看产品原型效果。

A. 快捷键【Ctrl+.】   B.【F10】键

C.【F1】键   D.【Enter】键

3. Axure RP 10 会自动识别当前系统中的浏览器供用户选择，默认选择（ ）。

A. 谷歌浏览器   B. 360 浏览器

C. Edge 浏览器   D. 火狐浏览器

4. 在弹出的"发布到 Axure Cloud"对话框中，不可以创建一个新项目的（ ）。

A. 名称   B. 密码

C. 文件夹   D. 项目

5. 在输出项目文件时，（ ）文档是最重要的，也是最容易输出的。

A. CSV   B. HTML

C. Word   D. 打印

10.7.2　填空题

1. Axure RP 10 中一共有＿＿＿＿＿、＿＿＿＿＿、＿＿＿＿＿和＿＿＿＿＿4 种生成器。

2. 在项目文件中针对页面过多，还提供了＿＿＿＿＿、＿＿＿＿＿、＿＿＿＿＿及＿＿＿＿＿4 个按钮。

3. Axure Cloud 是用于存放 HTML 原型的 Axure＿＿＿＿＿。

4. 从 2014 年 5 月开始，Axure Cloud 就已经全部免费。每个账号可以创建＿＿＿＿＿项目，每个项目的大小限制为＿＿＿＿＿。

5. 在输出项目文件之前，首先要了解生成器的概念。生成器就是＿＿＿＿＿。

10.7.3　操作题

根据前面所学的内容，创建 Axure Cloud 账号并上传原型项目。

11

第 11 章

设计制作网页原型

通过前面的学习，读者应该基本掌握了 Axure RP 10 的使用方法。本章将带领读者设计制作 PC 端网页产品原型，帮助读者理解 Axure RP 10 的功能，同时帮助读者了解实际工作中制作产品原型的工作流程和制作规范，使读者可以将所学的内容应用到实际的工作中。

知识目标

- 设计制作邮箱加载页面。
- 设计制作微博用户评论页面。
- 设计制作课程购买页面。
- 使用并设置链接类动作。
- 设计制作商品分类页面。
- 设计制作课程选择页面。

素养目标

- 具备自我驱动的学习能力，能够主动寻求学习资源和机会，不断提升自己的综合能力。
- 善于总结和分享学习经验，将所学知识应用到实际工作中，提高工作效率和质量。

11.1 设计制作 QQ 邮箱加载页面

本案例将设计制作 QQ 邮箱加载页面原型。需要在原型文件中制作 3 个页面，再使用"热区"元件为其添加交互，实现 3 个页面的切换效果。

11.1.1 案例分析

当用户输入用户名和密码后，单击"登录"按钮，即可启动页面加载。页面加载完成后直接进入邮箱界面。为了便于用户查看效果，本案例中将加载时间设置得较长，制作时用户可以根据情况修改加载时间，实现更好的交互效果。

11.1.2 案例效果

本产品原型案例中共包含了登录、加载和登录成功 3 个页面，原型文件及原型预览效果如图 11-1 所示。

图 11-1　原型文件及原型预览效果

11.1.3 制作步骤

步骤 01 新建一个 Axure RP 10 文件，如图 11-2 所示。将"矩形 1"元件拖曳到页面中，在"样式"面板中设置其位置和尺寸并将其命名为"蓝色矩形"，如图 11-3 所示。

图 11-2　新建文件

图 11-3　设置位置和尺寸

步骤 02 在"样式"面板中设置元件的填充颜色为 #FFFFFF、边框颜色为 #A1A9B7，如图 11-4 所示。元件效果如图 11-5 所示。

图 11-4　设置颜色

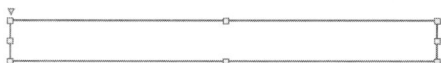

图 11-5　元件效果

步骤 03 将"动态面板"元件拖曳到页面中并放置在"矩形 1"元件上，设置其位置和尺寸如图 11-6 所示。双击进入动态面板编辑模式，将"矩形 1"元件拖曳到页面中，并设置其样式如图 11-7 所示。

图 11-6　设置动态面板样式

图 11-7　设置矩形样式

步骤 04 矩形元件效果如图 11-8 所示。再次拖入一个"动态面板"元件，设置其名称为"进度"，如图 11-9 所示。

图 11-8　矩形元件效果

图 11-9　拖入动态面板元件

步骤 05 双击进入动态面板编辑模式，拖入一个"矩形 1"元件，如图 11-10 所示。"大纲"面板如图 11-11 所示。

图 11-10　拖入"矩形 1"元件

图 11-11　"大纲"面板

步骤 06 返回 Page 1 页面，将"文本标签"元件拖入页面中，在"样式"面板中设置其各项参数，如图 11-12 所示。设置字体为 Arial、字号为 16、字体颜色为 #333333、字体样式为粗体，输入文本内容，文本样式效果如图 11-13 所示。

图 11-12　使用"文本标签"元件

图 11-13　文本样式效果

步骤 07 在"交互编辑器"对话框中添加"页面载入"事件，再添加"移动"动作，如图 11-14 所示。再次添加"移动"动作，如图 11-15 所示。单击"确定"按钮，完成页面交互的添加。

图 11-14　设置动作（1）

图 11-15　设置动作（2）

步骤 08 执行"发布>预览"命令或按快捷键【Ctrl+.】，预览效果如图 11-16 所示。在"页面"面板中将 Page 1 页面重命名为"进度"并新建一个名称为"登录"的页面，如图 11-17 所示。

图 11-16　预览效果

图 11-17　新建页面

步骤 09 双击打开"登录"页面，将"图片"元件拖曳到页面中，设置图片样式如图 11-18 所示。导入图 11-19 所示的图片素材。

图 11-18　设置图片样式

图 11-19　导入图片素材

步骤 10 将"热区"元件拖曳到页面中并覆盖在"登录"按钮上，如图 11-20 所示。在"交互编辑器"对话框中添加"单击"事件，再添加"打开链接"动作，设置各项参数如图 11-21 所示。

图 11-20　使用"热区"元件

图 11-21　设置各项参数

步骤 11 执行"发布 > 预览"命令，预览原型效果如图 11-22 所示。单击"登录"按钮即可打开"进度"页面。新建一个名称为"邮箱"的页面，将一个"图片"元件拖入并导入图片素材，如图 11-23 所示。

图 11-22 预览原型效果

图 11-23 新建页面并导入图片素材

步骤 12 双击进入"进度"页面，在"交互编辑器"对话框中继续为页面添加"等待"动作，设置动作如图 11-24 所示。添加"打开链接"动作，设置动作如图 11-25 所示。

图 11-24 设置动作（3）

图 11-25 设置动作（4）

步骤 13 执行"文件 > 保存"命令，将原型项目保存。双击进入"登录"页面，单击工具栏上的"预览"按钮，预览效果如图 11-26 所示。

图 11-26 预览效果

11.2 设计制作微博用户评论页面

当用户单击某个按钮时，自动弹出一个新的窗口提示错误或提示操作，这种效果在网页中非常常见。本案例将制作一个微博用户评论页面的原型，当用户单击"评论"按钮时，弹出提示登录的界面。

11.2.1 案例分析

首先使用"文本框"元件、"按钮"元件和"图片"元件完成基本页面的制作；使用"动态面板"元件完成弹出页面的制作；为"按钮"元件添加交互样式，实现鼠标经过的按钮效果；最后，添加"显示 / 隐藏"动作，完成页面效果的制作。

11.2.2 案例效果

本产品原型案例只需制作一个页面即可完成交互效果，原型文件及原型预览效果如图 11-27 所示。

图 11-27 原型文件及原型预览效果

11.2.3 制作步骤

步骤 01 新建一个 Axure RP 10 文件。将"图片"元件拖曳到页面中并导入图片素材，如图 11-28 所示。将"矩形 2"元件拖曳到页面中，设置其大小和位置，如图 11-29 所示。

图 11-28 导入图片素材

图 11-29 设置矩形大小和位置

步骤 02 将"文本框"元件拖曳到页面中，在"交互"面板中设置"输入类型"和"提示文本"，如图 11-30 所示。使用"图片"元件和"复选框"元件完成图 11-31 所示的页面效果。

图 11-30 设置各项参数

图 11-31 页面效果

步骤 03 将"按钮"元件拖入页面中，在"样式"面板中修改"填充颜色"为 #FF6600，设置圆角"半径"为 1、"边框"为无，按钮效果如图 11-32 所示。单击"交互"面板上的"鼠标经过样式"选项，设置"填充颜色"为 #FF6633，如图 11-33 所示。

图 11-32　按钮效果

图 11-33　设置"填充颜色"

步骤 04 单击"完成"按钮。在页面中拖入一个"动态面板"元件，如图 11-34 所示。双击进入动态面板编辑模式，使用图片填充动态面板背景，效果如图 11-35 所示。

图 11-34　拖入"动态面板"元件

图 11-35　使用图片填充背景

步骤 05 将"热区"元件拖曳到页面中，调整其大小和位置，如图 11-36 所示。选中"热区"元件，在"交互编辑器"对话框中添加"单击"事件，再添加"显示/隐藏"动作，设置动作各项参数，如图 11-37 所示。

图 11-36　使用"热区"元件

图 11-37　设置动作各项参数（1）

步骤 06 返回 Page 1 页面，选中"动态面板"元件，单击工具栏上的"隐藏"按钮，效果如图 11-38 所示。选中"评论"按钮，在"交互编辑器"对话框中为其添加"单击"事件，再添加"显示/隐藏"动作，设置动作各项参数，如图 11-39 所示。

图 11-38　隐藏元件

图 11-39　设置动作各项参数（2）

步骤 07 在页面上单击，在"样式"面板中设置页面对齐方式为"水平居中"对齐，如图 11-40 所示。执行"发布 > 生成 HTML 文件"命令，设置弹出的"发布项目"对话框中的各项参数，如图 11-41 所示。

图 11-40 设置页面对齐方式

图 11-41 设置"发布项目"对话框中的各项参数

步骤 08 单击"发布到本地"按钮，稍等片刻，即可在发布位置看到生成的 HTML 文件，如图 11-42 所示。双击 page_1.html 文件，原型预览效果如图 11-43 所示。

图 11-42 HTML 文件

图 11-43 原型预览效果

11.3 设计制作课程购买页面

本案例通过为"下拉框"元件添加"选中项目发生改变"事件的方式，实现对列表中的选项进行控制的效果；通过添加"显示 / 隐藏"和"设置文本"动作的方式，实现在表单中选择选项后，在文本框中同时显示结果的交互效果。

11.3.1 案例分析

用户可以在下拉列表中选择想要购买的课程。选择完成后，页面下方会自动显示所选课程。这种效果便于用户查看所选内容，避免操作错误。

11.3.2 案例效果

本产品原型案例主要使用"下拉框"元件和"文本标签"元件制作页面，原型文件及原型预览效果如图 11-44 所示。

图 11-44 原型文件及原型预览效果

11.3.3　制作步骤

步骤 01　新建一个 Axure RP 10 文件。将"矩形 1"元件拖曳到页面中,"样式"面板如图 11-45 所示。设置元件的填充颜色为 #FF9900、边框颜色为 #797979、边框粗细为 1,按快捷键【Ctrl+K】锁定"矩形 1"元件,元件效果如图 11-46 所示。

图 11-45　"样式"面板　　　　　　　　图 11-46　元件效果

步骤 02　将"文本标签"元件拖曳到页面中,输入文本并设置文本样式,如图 11-47 所示。将"下拉框"元件拖曳到页面中,设置其名称为"选择课程",如图 11-48 所示。

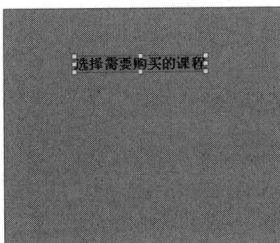

图 11-47　使用"文本标签"元件(1)　　　　　图 11-48　使用"下拉框"元件

步骤 03　双击进入"编辑下拉列表"对话框,单击"批量编辑"按钮,在弹出的"批量编辑"对话框中输入列表选项,如图 11-49 所示。单击"确定"按钮,"下拉框"元件效果如图 11-50 所示。

图 11-49　"批量编辑"对话框　　　　　　图 11-50　"下拉框"元件效果

步骤 04　将"文本标签"元件拖曳到页面中并修改文本内容,如图 11-51 所示。再次拖入一个"文本标签"元件,设置其名称为"结果",如图 11-52 所示。单击工具栏上的"隐藏"按钮将其隐藏。

图 11-51　使用"文本标签"元件(2)　　　　　图 11-52　使用"文本标签"元件(3)

步骤 05 选中"选择课程"元件，在"交互编辑器"对话框中添加"选中项目发生改变"事件，再添加"设置文本"动作，设置动作各项参数，如图 11-53 所示。再添加"显示/隐藏"动作，设置动作各项参数，如图 11-54 所示。

图 11-53 设置动作各项参数（1）

图 11-54 设置动作各项参数（2）

步骤 06 单击"确定"按钮。按快捷键【Ctrl+.】预览产品原型，预览效果如图 11-55 所示。

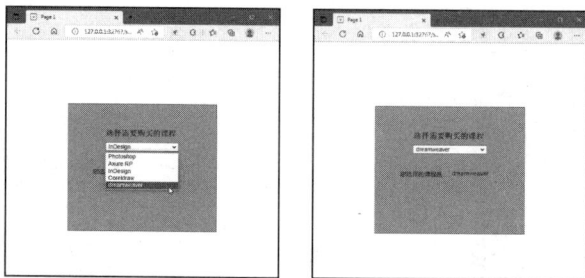

图 11-55 预览效果

11.4 使用并设置链接类动作

微课 58

使用并设置链接类动作

互联网项目中，"超链接"功能是较常用的功能。本案例通过为元件添加"单击"事件实现各种链接类动作，设置链接类动作的参数能够实现不同的超链接效果。

11.4.1 案例分析

链接动作有很多种类，为了便于读者理解和运用，本案例将对"当前窗口""新窗口/新标签""弹出窗口""父级窗口""关闭窗口"和内联框架等链接类动作进行讲解，帮助读者深刻理解链接类动作。

11.4.2 案例效果

本案例通过设置多种链接类动作，实现不同的超链接效果，链接当前窗口和内联框架的页面效果如图 11-56 所示。

图 11-56 链接当前窗口和内联框架的页面效果

11.4.3 制作步骤

步骤 01 新建一个 Axure RP 10 文件，将"图片"元件拖曳到页面中并导入图 11-57 所示的图片素材。拖入一个"文本标签"元件并修改文本内容，如图 11-58 所示。

图 11-57 导入图片素材

图 11-58 使用"文本标签"元件

步骤 02 设置"图片"元件名称为"空间图片"，如图 11-59 所示。在"交互编辑器"对话框中为其添加"单击"事件，再添加"打开链接"动作，配置动作参数，如图 11-60 所示。

图 11-59 设置元件名称

图 11-60 配置动作参数（1）

步骤 03 单击"确定"按钮，返回 Page 1 页面。单击工具栏上的"预览"按钮，原型预览效果如图 11-61 所示。

图 11-61 原型预览效果（1）

步骤 04 在"页面"面板中添加一个名称为"新窗口"的页面，如图 11-62 所示。双击打开"新窗口"页面，将"按钮"元件拖曳到页面中并修改文本内容，如图 11-63 所示。

图 11-62 新建页面（1）

图 11-63 使用"按钮"元件（1）

步骤 05 选中"按钮"元件，为其添加"单击"事件，再添加"打开链接"动作，配置动作参数如图 11-64 所示。单击工具栏上的"预览"按钮，原型预览效果如图 11-65 所示。

图 11-64 配置动作参数（2）

图 11-65 原型预览效果（2）

步骤 06 新建"弹出窗口"页面。拖入一个"按钮"元件并修改文本，如图 11-66 所示。在"交互编辑器"对话框中为"按钮"元件添加"单击"事件，再添加"打开链接"动作，配置动作参数如图 11-67 所示。

图 11-66 使用"按钮"元件（2）

图 11-67 配置动作参数（3）

步骤 07 单击"预览"按钮，原型预览效果如图 11-68 所示。新建"父级窗口"页面和"子页面"页面，如图 11-69 所示。

图 11-68 原型预览效果（3）

图 11-69 新建页面（2）

步骤 08 双击进入"子页面"页面，拖入"图片"元件并导入图片素材，如图 11-70 所示。选中"图片"元件，在"交互编辑器"对话框中为其添加"单击"事件，再添加"打开链接"动作，配置动作参数如图 11-71 所示。

Axure RP 互联网产品原型设计（Axure RP 10）（微课版）

图 11-70　导入图片素材

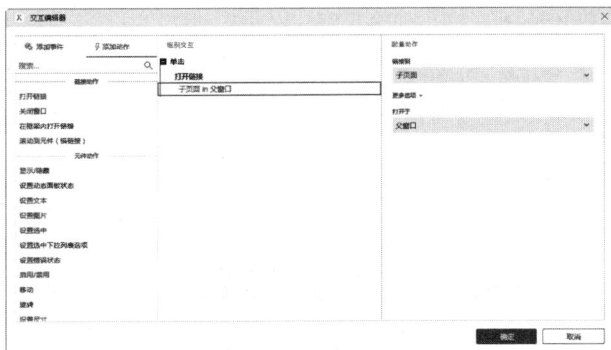

图 11-71　配置动作参数（4）

步骤 09 双击进入"父级窗口"页面，将"按钮"元件拖曳到页面中并修改文本内容，如图 11-72 所示。在"交互编辑器"对话框中为"按钮"元件添加"单击"事件，再添加"打开链接"动作，配置动作参数如图 11-73 所示。

进入子页面

图 11-72　使用"按钮"元件（3）

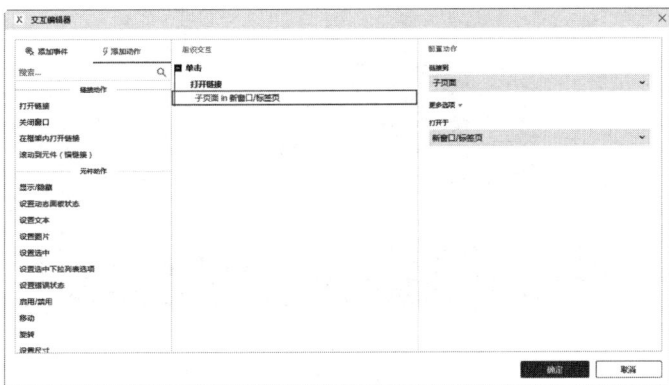

图 11-73　配置动作参数（5）

步骤 10 单击"确定"按钮，返回"父级窗口"页面。单击工具栏上的"预览"按钮，原型预览效果如图 11-74 所示。在"页面"面板中新建一个名称为"关闭页面"的页面，如图 11-75 所示。

图 11-74　原型预览效果（4）

图 11-75　新建页面（3）

步骤 11 双击打开"关闭页面"页面，插入图 11-76 所示的图片素材。在"交互编辑器"对话框中为"图片"元件添加"单击"事件，再添加"关闭窗口"动作，如图 11-77 所示。

图 11-76　插入图片素材

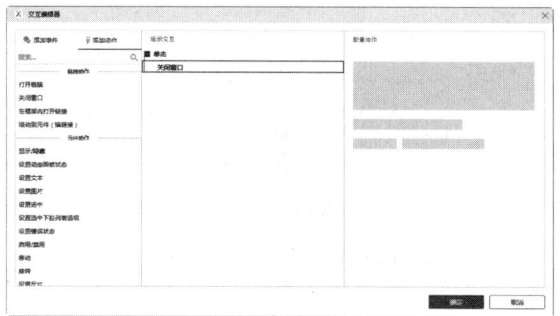

图 11-77　添加"关闭窗口"动作

步骤 12　单击"确定"按钮，回到"关闭页面"页面。执行"发布＞预览"命令，原型预览效果如图 11-78 所示。新建一个名为"内联框架"的页面，如图 11-79 所示。

图 11-78　原型预览效果（5）

图 11-79　新建页面（4）

步骤 13　双击打开"内联框架"页面，将"内联框架"元件拖曳到页面中，如图 11-80 所示。将"传统表格"元件拖曳到页面中，设置并输入文本，如图 11-81 所示。

图 11-80　使用"内联框架"元件

图 11-81　使用"传统表格"元件

步骤 14　单击选中第 1 个单元格，在"交互编辑器"对话框中为第 1 个单元格添加"单击"事件，再添加"在框架中打开链接"动作，如图 11-82 所示。使用相同的方法设置第 2 个单元格动作，如图 11-83 所示。

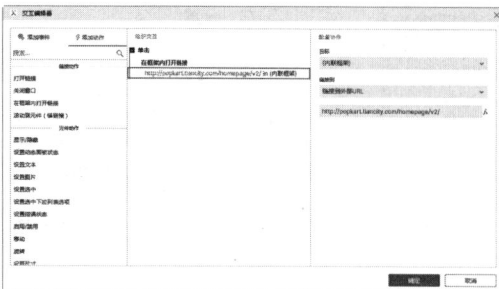

图 11-82　设置第 1 个单元格动作

图 11-83　设置第 2 个单元格动作

步骤 15 单击"确定"按钮，回到"内联框架"页面，执行"文件 > 保存"命令，保存文件。执行"发布 > 预览"命令，原型预览效果如图 11-84 所示。

图 11-84　原型预览效果（6）

11.5　设计制作商品分类页面

　　商品分类页面是电子商务平台常见的页面，通常采用紧凑的信息组合方式，既能减少用户浏览的时间，方便用户分类查找，又能节省页面空间。本案例将设计制作网站首页中产品分类页面的原型。

11.5.1　案例分析

　　在 Axure RP 10 中，制作通过单击动作实现页面切换的效果时，通常使用"动态面板"元件制作页面，然后为其添加"单击"事件和"设置动态面板状态"动作，实现单击不同元件显示动态面板不同页面的效果。

11.5.2　案例效果

　　本案例使用"动态面板"制作 4 个面板状态，单击不同的菜单可以显示"动态面板"元件的不同状态，案例预览效果如图 11-85 所示。

图 11-85　案例预览效果

11.5.3　制作步骤

步骤 01 新建一个 Axure RP 10 文件。将"矩形 1"元件拖曳到页面中，设置其位置和尺寸，如图 11-86 所示。设置填充颜色为白色、边框颜色为 #CCCCCC、边框粗细为 1，矩形效果如图 11-87 所示。

图 11-86　设置位置和尺寸

图 11-87　矩形效果

步骤 02　将"动态面板"元件拖曳到页面中，设置其名称为"项目列表"，设置样式如图 11-88 所示。元件效果如图 11-89 所示。

图 11-88　设置元件样式

图 11-89　元件效果

步骤 03　双击进入"动态面板"编辑模式，修改面板状态 1 名称为 pic1，拖入"图片"元件并导入图片素材，如图 11-90 所示。再添加 3 个面板状态并添加图片素材，如图 11-91 所示。

图 11-90　新建面板状态并导入图片素材

图 11-91　完成其他 3 个面板状态的制作

步骤 04　返回 Page 1 页面，将"三级标题"元件拖曳到页面中，修改文本内容和元件样式，如图 11-92 所示。单击"样式"面板中"边框选项"选项组右侧的"更多边框选项"按钮，设置边框可见性，如图 11-93 所示。

图 11-92　修改文本内容和元件样式

图 11-93　设置边框可见性

Axure RP 互联网产品原型设计（Axure RP 10）（微课版）

步骤 05 使用相同的方法完成图 11-94 所示的文本标题菜单的制作。选中"生活服务"元件，在"交互编辑器"对话框中为其添加"单击"事件，再添加"设置动态面板状态"动作，设置动作如图 11-95 所示。

图 11-94 文本标题菜单

图 11-95 设置动作

步骤 06 使用相同的方法，分别为其他文本标题菜单添加交互效果，完成页面效果如图 11-96 所示。单击工具栏上的"预览"按钮，原型预览效果如图 11-97 所示。

图 11-96 完成页面效果

图 11-97 原型预览效果

11.6 设计制作课程选择页面

微课 60

设计制作课程
选择页面

在页面中使用表单可以很好地实现网站与用户的互动。本案例将使用单选按钮组完成一个课程选择页面原型的制作。

11.6.1 案例分析

本案例使用单选按钮的编组功能制作单选项效果。当用户获取一个"单选按钮"元件的焦点时，可以为其设置选中动作和设置文本动作，并可以通过"显示 / 隐藏"动作控制页面中其他元件的显示效果。

11.6.2 案例效果

本案例主要使用"文本标签"元件和"单选按钮"元件完成页面效果的制作，案例预览效果如图 11-98 所示。

图 11-98 案例预览效果

11.6.3 制作步骤

步骤 01 新建一个 Axure RP 10 文件，将"矩形 3"元件拖曳到页面中，设置其名称为"背景"，设置元件样式如图 11-99 所示。拖曳"矩形 3"元件左上角的黄色三角形，元件效果如图 11-100 所示。

图 11-99　设置元件样式

图 11-100　元件效果

步骤 02 将"文本标签"元件拖曳到页面中，修改文本内容，如图 11-101 所示。将"单选按钮"元件拖入页面，设置名称为"选项 1"，修改文本内容，如图 11-102 所示。

图 11-101　使用"文本标签"元件（1）

图 11-102　使用"单选按钮"元件

步骤 03 使用相同的方法制作其他单选按钮，如图 11-103 所示。再拖入一个"文本标签"元件，修改文本内容，如图 11-104 所示。

图 11-103　制作其他单选按钮

图 11-104　使用"文本标签"元件（2）

步骤 04 再次拖入一个"文本标签"元件，删除文本内容并将其设置为隐藏，设置名称为"显示答案"，如图 11-105 所示。选中所有"单选按钮"元件，右击，在弹出的快捷菜单中选择"分配单选按钮组"命令，如图 11-106 所示。

图 11-105　使用"文本标签"元件（3）

图 11-106　选择"分配单选按钮组"命令

步骤 05 在弹出的"选项组"对话框中设置组名称，如图 11-107 所示。选择"选项 1"元件，在"交互编辑器"对话框中添加"获取焦点"事件，再添加"设置选中"动作，配置动作参数如图 11-108 所示。

图 11-107　设置组名称

图 11-108　配置动作参数（1）

步骤 06 添加"设置文本"动作，配置动作参数如图 11-109 所示。添加"显示 / 隐藏"动作，配置动作参数如图 11-110 所示。

图 11-109　配置动作参数（2）

图 11-110　配置动作参数（3）

步骤 07 使用相同的方法，在"交互编辑器"对话框中为"选项 2"元件和"选项 3"元件设置动作，如图 11-111 所示。

图 11-111　配置动作参数（4）

步骤 08 执行"文件 > 保存"命令，保存文件。单击工具栏上的"预览"按钮，原型预览效果如图 11-112 所示。

图 11-112　原型预览效果

11.7 | 本章小结

本章通过 6 个网页交互原型案例，帮助读者综合应用 Axure RP 10 的各种功能，使读者深刻体会 Axure RP 10 在互联网产品开发中的作用。

素养拓展

● 本章通过基础知识与课程操作相结合的方法讲解互联网产品 PC 端页面原型制作的相关知识。在学习过程中，读者应具备职业道德，遵守数据采集的法律法规和伦理规范，保护客户隐私和信息安全。善于观察和总结市场趋势和用户需求，将创新点融入原型设计中，提升产品的竞争力和用户体验。

11.8 | 课后练习——设计制作抽奖活动页面原型

微课 61

设计制作抽奖活动页面原型

完成网页交互原型案例制作后，读者应多次练习加深对相关知识点的理解。接下来通过设计制作抽奖活动页面原型的案例，进一步理解网页交互原型制作的要点。

步骤 01 新建一个 Axure RP 10 文件，使用"图片"元件并导入图片素材，如图 11-113 所示。

步骤 02 在"交互编辑器"对话框中添加"单击"事件，再添加"设置变量值"动作，如图 11-114 所示。

图 11-113 导入图片素材

图 11-114 添加事件和动作

步骤 03 添加"旋转"动作，设置旋转动作参数如图 11-115 所示。

步骤 04 添加"等待"动作，设置等待时间为 5000 毫秒，如图 11-116 所示。

图 11-115 设置旋转动作

图 11-116 添加等待动作

11.9 | 课后测试

根据前面所学的内容，设计制作搜索引擎网站页面交互原型。

12

第 12 章

设计制作 App 原型

本章主要讲解设计制作一款创意家居 App 原型的案例，通过该案例帮助读者了解并掌握使用 Axure RP 10 制作移动端产品原型的要求和流程。为了方便读者学习，本章将案例分为页面原型制作和交互原型制作两部分，使读者从不同角度学习移动端 App 原型的制作方法。

知识目标

- 设计制作 App 页面原型。
- 设计制作 App 交互原型。

素养目标

- 关注行业动态和技术发展，不断学习新的设计理念和技能，提升自己的专业素养。
- 具备较强的项目管理能力，能够协调各方资源，确保原型设计项目的按时交付。

12.1 设计制作 App 页面原型

本案例为设计制作一款创意家居 App 原型。用户在该 App 中可以购买不同设计师、不同风格的家居产品；而设计师可以在该 App 中创建个人页面，发布个人的作品供用户选择。这是一个集社交、购物于一体的新兴电子商务设计平台。

1. 案例分析

本 App 将运行于 iOS 中，在设计制作原型时要遵循 iOS 的要求规范，严格控制页面的尺寸、图标的尺寸和文本的尺寸。为了提高制作效率，应尽可能使用元件样式控制页面中的文本样式，使用母版制作页面中相同的内容，例如状态栏和标签栏。

2. 案例效果

由于 App 页面很多，本案例按照页面的功能将页面分为启动页面、会员系统页面、App 首页和设计师页面 4 个部分，案例预览效果如图 12-1 所示。

图 12-1　案例预览效果

12.1.1　设计制作 App 启动页面

App 启动页面通常指的是进入主页面之前的页面。本案例中包括主界面、启动页和开屏广告页面。

步骤 01　新建一个 Axure RP 10 文件。在"样式"面板中设置页面样式，如图 12-2 所示。将"矩形 2"元件拖曳到页面中并设置样式，如图 12-3 所示。

图 12-2　设置页面样式

图 12-3　使用"矩形 2"元件

步骤 02　将"二级标题"元件拖曳到页面中，修改文本内容并设置其文本样式，如图 12-4 所示。选中"二级标题"元件和"矩形 2"元件，单击工具栏上的"组合"按钮完成组合操作，在"页面"面板中修改页面名称为"主界面"，如图 12-5 所示。

> **提示**　使用 Axure RP 10 中预设的 iPhone 8 尺寸并设为 1 倍尺寸，一般应用于屏幕分辨率较低的设备。用户若想获得较高的分辨率效果，可以使用 3 倍尺寸。

图 12-4　使用"二级标题"元件

图 12-5　组合并修改页面名称

步骤 03　单击"样式"面板上的"管理元件样式"按钮，在弹出的"元件样式管理"对话框中新建一个名称为"文本 10"的样式，如图 12-6 所示。在对话框右侧设置元件样式，如图 12-7 所示。

图 12-6　新建元件样式

图 12-7　设置元件样式

提示　App 界面中的文字尽量采用 2 的倍数的字号。iOS 中的 App 的字体都应采用苹方字体，以保证最终预览效果的正确性。

步骤 04　单击"复制"，分别创建字号为 12、14、16 的样式，如图 12-8 所示。

步骤 05　新建一个名称为"启动页"的页面，将"图片"元件拖曳到页面中并导入图片素材，如图 12-9 所示。

图 12-8　新建样式

图 12-9　新建页面并导入图片素材

步骤 06　在"元件"面板中选择 iOS 11 元件库，将白色的系统状态栏元件拖曳到页面中，调整大小和位置，如图 12-10 所示。右击，在弹出的快捷菜单中选择"转换为母版"命令，如图 12-11 所示。

图 12-10 调整大小和位置

图 12-11 转换为母版

步骤 07 在弹出的"创建母版"对话框中设置新母版名称为"状态栏",如图 12-12 所示。单击"继续"按钮,完成母版的创建。使用矩形元件和文本元件制作图 12-13 所示的图标。

图 12-12 设置母版名称

图 12-13 制作图标

步骤 08 将"文本标签"元件拖曳到页面中并修改文本内容,在"样式"面板中选择"文本 12"样式,如图 12-14 所示。

步骤 09 再次将"文本标签"元件拖曳到页面中,修改文本内容并选择"文本 12"样式,在"样式"面板中修改文本颜色为白色,对齐方式为居中,如图 12-15 所示。

图 12-14 使用"文本标签"元件并应用样式(1)

图 12-15 使用"文本标签"元件并应用样式(2)

步骤 10 新建一个名称为"开屏广告"的页面,将"动态面板"元件拖曳到页面中并命名为"pop","样式"面板如图 12-16 所示。双击进入动态面板编辑模式,新建两个面板状态,在每个状态中插入图片素材,如图 12-17 所示。

图 12-16 "样式"面板

图 12-17 新建面板状态并插入图片素材

步骤 11 返回页面编辑模式，将"状态栏"元件从"母版"面板中拖曳到页面中，如图 12-18 所示。

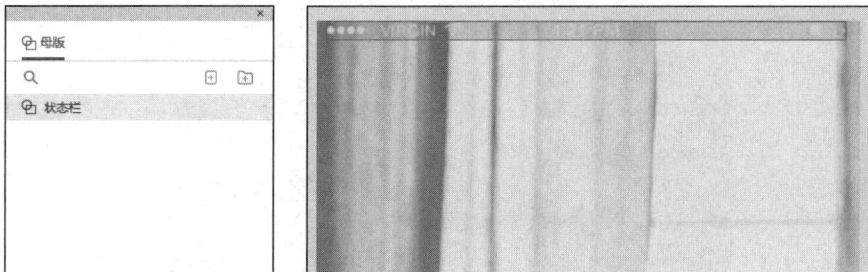

图 12-18　将"状态栏"元件从"母版"面板中拖曳到页面中

12.1.2　设计制作 App 会员系统页面

会员系统是 App 中非常重要的组成部分，通常用来收集和管理用户信息。限于篇幅，本案例只制作注册页面和登录页面。

步骤 01 新建一个名称为"登录页"的页面，将"图片"元件拖曳到页面中并插入图片素材，如图 12-19 所示。

图 12-19　新建页面并插入图片素材

步骤 02 使用"文本框"元件创建图 12-20 所示效果。在"样式"面板中使用"文本 14"样式并设置边框的可见性，如图 12-21 所示。在"密码"文本框上右击，在弹出的快捷菜单中选择"输入类型 > 密码"命令。

图 12-20　使用"文本框"元件

图 12-21　设置样式

步骤 03 使用"状态栏"母版文件、文本元件、图标元件和"图片"元件制作页面中其他内容，完成登录页的制作，如图 12-22 所示。新建一个名称为"注册页"的页面，使用制作"登录页"的方法完成图 12-23 所示页面的制作。

图 12-22　完成登录页的制作

图 12-23　完成注册页的制作

12.1.3　设计制作 App 首页

首页通常是一个 App 向用户展示最全面的项目内容的页面，用户可以在"首页"页面中第一时间了解 App 的内容，接收 App 要传达的信息。

步骤 01　在"母版"面板中新建一个名称为"标签栏"的文件，将"动态面板"元件拖曳到页面中，双击进入面板编辑状态，使用"图片"元件和文本元件制作标签栏效果，如图 12-24 所示。

步骤 02　再新建 3 个状态，使用相同的方法完成页面的制作，如图 12-25 所示。

图 12-24　制作标签栏效果

图 12-25　完成页面的制作

步骤 03　新建一个名称为"首页"的页面，使用母版文件、文本元件、矩形元件和"水平线"元件制作图 12-26 所示页面。将"动态面板"元件拖曳到页面中，设置其名称为 menu，如图 12-27 所示。

图 12-26　制作页面

图 12-27　命名动态面板

步骤 04 双击进入面板编辑模式,使用"图片"元件、文本元件和矩形元件制作动态面板页面,如图 12-28 所示。新建两个面板状态并分别修改页面效果,如图 12-29 所示。

图 12-28　制作动态面板页面

图 12-29　新建面板状态并分别修改页面效果

步骤 05 返回主页面,"首页"页面效果制作完成,如图 12-30 所示。单击"预览"按钮,页面在浏览器中预览效果如图 12-31 所示。

图 12-30　"首页"页面效果

图 12-31　页面预览效果

12.1.4　设计制作 App 设计师页面

"设计师"页面是该 App 中的一个核心页面。用户可以根据个人喜好访问不同的"设计师"页面,寻找感兴趣的内容。

步骤 01 为"首页"页面添加名称为"设计师"的子页面,如图 12-32 所示。继续为"设计师"页面添加名称为"简约"的子页面,为"简约"页面添加名称为"简介"的子页面,如图 12-33 所示。

图 12-32　"设计师"页面

图 12-33　"简约"页面和"简介"页面

微课 65

设计制作 App
设计师页面

步骤 02 使用相同的方法为"首页"页面添加名称为"购物""定制""我的"的子页面，子页面效果如图 12-34 所示。"页面"面板如图 12-35 所示。

图 12-34　子页面效果

图 12-35　"页面"面板

12.2　设计制作 App 交互原型

创意家居 App 的页面原型制作完成后，需要为其添加交互将所有页面结合在一起，形成高保真的产品原型，便于用户和开发人员了解整个项目中页面的关系。

1. 案例分析

在为 App 原型添加交互时，通常会采用添加到页面和元件两种方式。例如启动页和广告页，都可通过设置"页面载入"事件实现交互效果。而页面中单个元件的交互效果，通常需要选中元件再添加交互。

2. 案例效果

本案例制作创意家居 App 中最基础的页面交互效果，页面交互关系如图 12-36 所示。

图 12-36　页面交互关系

12.2.1　设计制作 App 页面导航交互

由于该原型将底部的标签栏制作成母版并应用到所有页面中，因此只需为母版添加交互就能完成所有页面中的页面导航交互效果。

步骤 01 双击"母版"面板中的"标签栏"文件，进入母版编辑模式，双击"动态面板"元件，

微课 66

设计制作 App
页面导航交互

将"热区"元件拖曳到页面中，调整其大小和位置，如图 12-37 所示。在"交互编辑器"对话框中添加交互，如图 12-38 所示。

图 12-37 使用"热区"元件

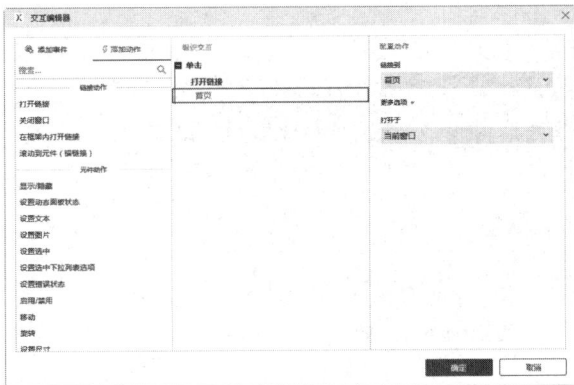

图 12-38 添加交互（1）

步骤 02 使用相同的方法为其他栏目添加交互效果，如图 12-39 所示。使用相同的方法为动态面板的其他面板状态添加交互。

步骤 03 进入"主界面"页面，选中图标组，在"交互编辑器"对话框中为其添加"单击"事件，再添加"打开链接"动作，设置动作如图 12-40 所示。

图 12-39 添加交互效果

图 12-40 设置动作（1）

步骤 04 进入"启动页"页面，在"交互编辑器"对话框中添加"页面载入"事件，再添加"等待"动作，设置"等待"数值为 2000 毫秒，如图 12-41 所示。再添加"打开链接"动作，设置动作如图 12-42 所示。

图 12-41 添加交互（2）

图 12-42 设置动作（2）

步骤 05 进入"开屏广告"页面，双击"pop"动态面板元件，进入面板编辑模式，使用"椭圆"元件绘制一个 9×9 的圆形，如图 12-43 所示。选中圆形，在"交互编辑器"对话框中为其添加"单击"事件，再添加"设置动态面板状态"动作，设置动作如图 12-44 所示。

图 12-43　绘制圆形（1）

图 12-44　设置动作（3）

步骤 06 绘制另一个圆形，如图 12-45 所示。在"交互编辑器"对话框中为其添加交互事件，如图 12-46 所示。

图 12-45　绘制圆形（2）

图 12-46　添加交互（3）

步骤 07 绘制图 12-47 所示圆形。在"交互编辑器"对话框中为其添加交互事件，如图 12-48 所示。

图 12-47　绘制圆形（3）

图 12-48　添加交互（4）

步骤 08 将 3 个"椭圆"元件复制到另两个面板状态，如图 12-49 所示。

图 12-49　复制"椭圆"元件

步骤 09 进入 State3 状态，向页面中拖入一个"动态面板"元件，将其命名为 tiyan，双击进入面板编辑模式，拖入一个"按钮"元件，修改其文本和样式，如图 12-50 所示。在"交互编辑器"对话框中添加交互，如图 12-51 所示。

图 12-50　使用"按钮"元件

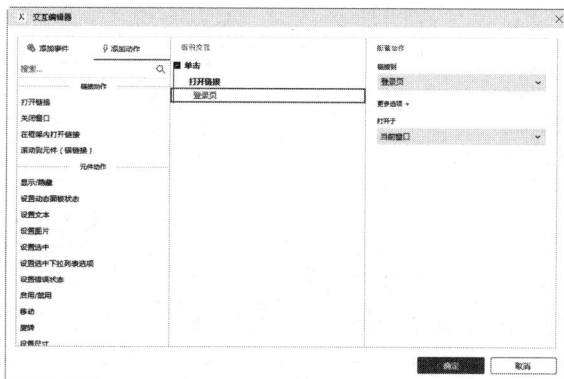

图 12-51　添加交互（5）

步骤 10 添加一个面板状态，使用"按钮"元件创建图 12-52 所示的效果。在"交互编辑器"对话框中添加交互，如图 12-53 所示。

图 12-52　创建效果

图 12-53　添加交互（6）

步骤 11 单击"关闭"按钮。选中"tiyan"元件，在"交互编辑器"对话框中添加"鼠标移入"事件，再添加"设置动态面板状态"动作，设置动作如图 12-54 所示。再添加"设置动态面板状态"动作，设置动作如图 12-55 所示。

图 12-54　设置动作（4）

图 12-55　设置动作（5）

步骤 12 添加"鼠标移出"事件，再添加"设置动态面板状态"动作，设置动作如图 12-56 所示。再添加"设置动态面板状态"动作，设置动作如图 12-57 所示。

图 12-56　设置动作（6）

图 12-57　设置动作（7）

步骤 13 添加"单击"事件，再添加"打开链接"动作，设置动作如图 12-58 所示。单击"确定"按钮，页面效果如图 12-59 所示。单击面板编辑模式右上角的"关闭"按钮，返回页面编辑模式。

图 12-58　设置动作（8）

图 12-59　页面效果

步骤 14 在"交互编辑器"对话框中添加"页面载入"事件，再添加"设置动态面板状态"动作，设置动作如图 12-60 所示。

图 12-60　设置动作（9）

12.2.2　设计制作 App 注册 / 登录页面交互

本案例为注册 / 登录页面添加简单的超链接交互，用来实现当用户单击按钮元件时跳转到对应页面的交互效果。

步骤 01 进入"登录页"页面，选中"登录"按钮，在"交互编辑器"对话框中为其添加交互，如图 12-61 所示。

图 12-61　添加交互（1）

步骤 02 选中"注册"文本元件，在"交互编辑器"对话框中为其添加交互，如图 12-62 所示。

图 12-62　添加交互（2）

步骤 03 分别选中页面中的 3 个图片，在"交互编辑器"对话框中为其添加交互，如图 12-63 所示。

图 12-63　添加交互（3）

步骤 04 进入"注册页"页面，选中"提交"按钮，在"交互编辑器"对话框中为其添加交互，如图 12-64 所示。

图 12-64　添加交互（4）

步骤 05 进入"首页"页面，选中 menu 元件，在"交互编辑器"对话框中添加"左滑"事件，再添加"设置动态面板状态"动作，设置动作如图 12-65 所示。添加"右滑"事件，再添加"设置面板状态"动作，设置动作如图 12-66 所示。

图 12-65　设置动作（1）

图 12-66　设置动作（2）

> **提示**　用户可以使用 Axure RP 10 新增的 Sample UI Patterns 元件库中的"走马灯"元件制作轮播图效果。可以添加"触发事件"动作完成左滑、右滑的交互效果。

12.2.3　设计制作 App 主页面交互

本案例将为创意家居 App 主页面添加交互，以实现页面间的跳转，并展示"设计师"页面、"购物"页面、"定制"页面和"我的"页面的交互效果。

步骤 01 进入"设计师"页面，选中"jianyue"动态面板元件，如图 12-67 所示。在"交互编辑器"对话框中添加"鼠标移入"事件，再添加"设置动态面板状态"动作，设置动作如图 12-68 所示。

图 12-67　选中"jianyue"动态面板元件

图 12-68　设置动作（1）

步骤 02 添加"鼠标移出"事件，再添加"设置动态面板状态"动作，设置动作如图 12-69 所示。添加"单击"事件，再添加"打开链接"动作，设置动作如图 12-70 所示。

图 12-69　设置动作（2）

图 12-70　设置动作（3）

步骤 03 使用相同的方法为其他元件添加交互效果，如图 12-71 所示。进入"购物"页面，选中"pic"元件，在"交互编辑器"对话框中为其添加交互，如图 12-72 所示。

图 12-71　添加交互效果

图 12-72　为"pic"元件添加交互

步骤 04 选中页面中图 12-73 所示的"图片"元件。在"交互编辑器"对话框中为其添加"单击"事件，再添加"显示 / 隐藏"动作，设置动作如图 12-74 所示。

图 12-73　选中"图片"元件

图 12-74　设置动作（4）

步骤 05 在页面空白位置单击，在"交互编辑器"对话框中添加"页面载入"事件，再添加"显示 / 隐藏"动作，设置动作如图 12-75 所示。

图 12-75　设置动作（5）

步骤 06 将"热区"元件拖曳到页面中，调整其大小和位置，如图 12-76 所示。在"交互编辑器"对话框中为元件添加交互，如图 12-77 所示。

图 12-76　使用"热区"元件

图 12-77　为热区元件添加交互

步骤 07 进入"定制"页面，选中"biaoqian1"动态面板元件，如图 12-78 所示。在"交互编辑器"对话框中添加"单击"事件，再添加"设置动态面板状态"动作，设置动作如图 12-79 所示。

图 12-78　选中"biaoqian"动态面板元件

图 12-79　设置动作（7）

步骤 08 使用相同的方法为其他元件添加交互，添加交互后的页面效果如图 12-80 所示。执行"文件>保存"命令，将文件保存。返回"主界面"页面，如图 12-81 所示。

图 12-80　添加交互后的页面效果

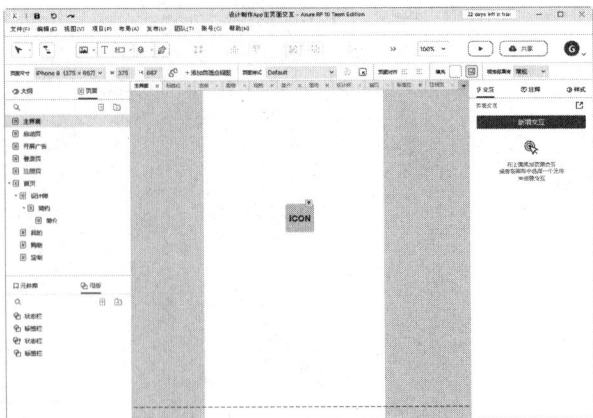

图 12-81　返回"主界面"页面

步骤 09 按快捷键【Ctrl+.】预览原型，原型预览效果如图 12-82 所示。

Axure RP 互联网产品原型设计（Axure RP 10）（微课版）

图 12-82　原型预览效果

12.3　本章小结

　　本章通过设计制作创意家居 App 交互原型的案例，帮助读者了解 App 产品原型的制作流程和技巧，同时还帮助读者熟悉了 iOS App 中对页面元素的规范要求。

素养拓展

● 本章通过基础知识与课程操作相结合的方法讲解互联网产品移动端 App 页面原型制作的相关知识。在学习过程中，读者应具备持续学习能力，能够不断更新知识和技能，适应互联网产品开发技术的快速发展；能够与产品经理、开发人员、UI 设计师等团队成员保持良好的沟通和协作，确保原型设计的顺利实施。

12.4　课后练习——设计制作 App 幻灯片原型

　　完成 App 交互原型案例制作后，读者应多次练习加深对相关知识点的理解。接下来通过设计制作 App 幻灯片原型的案例，了解 Axure RP 10 新增的 Sample UI Patterns 元件库的使用。

步骤 01　新建一个 Axure RP 10 文件，在"元件库"面板中选择 Sample UI Patterns 元件库，将"幻灯片"元件拖曳到页面中，如图 12-83 所示。

步骤 02　双击进入动态面板编辑模式，分别删除 3 个面板状态中的"占位符"元件实例并插入图片素材，如图 12-84 所示。

微课 69

设计制作 App
幻灯片原型

263

图 12-83　使用"幻灯片"元件

图 12-84　插入图片素材

步骤 03 返回页面，取消组合，选中 Counter 元件并拖曳到动态面板底部图 12-85 所示的位置。

步骤 04 选中所有对象并组合，单击"预览"按钮，预览页面如图 12-86 所示。

图 12-85　设置动作

图 12-86　预览页面

12.5 课后测试

根据前面所学的内容，设计制作微信 App 原型。